木上花开
Flowers on Mind

格物致知

 中国古代重大科技创新
MAJOR SCIENTIFIC AND TECHNOLOGICAL INNOVATIONS IN ANCIENT CHINA

一种文化现象或文化思想的发现、阐释、见解与流传与科学本身具有同等价值。

"十三五"国家重点出版物出版规划项目

格物致知

中国古代重大科技创新

中国科学院自然科学史研究所 总策划

陈朴 孙显斌 主编

王洪鹏 白欣 著

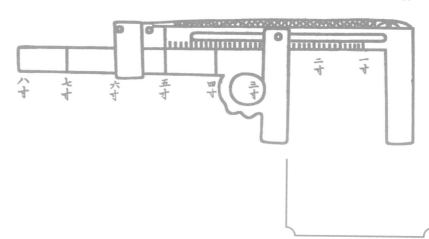

湖南科学技术出版社

图书在版编目（CIP）数据

格物致知 / 王洪鹏，白欣著 . – 长沙：湖南科学技术出版社，2021.12
（中国古代重大科技创新 / 陈朴，孙显斌主编）
ISBN 978-7-5710-0747-8

Ⅰ . ①格… Ⅱ . ①王… ②白… Ⅲ . ①科学技术—技术史—中国—古代
Ⅳ . ① N092

中国版本图书馆 CIP 数据核字 (2020) 第 176458 号

中国古代重大科技创新

GEWU ZHIZHI

格物致知

著　　者：王洪鹏　白　欣
出 版 人：潘晓山
责任编辑：李文瑶
出版发行：湖南科学技术出版社
社　　址：长沙市湘雅路 276 号
　　　　　http://www.hnstp.com
印　　刷：湖南印美彩印有限公司
　　　　　（印装质量问题请直接与本厂联系）
厂　　址：长沙市芙蓉区亚大路99号
邮　　编：410007
版　　次：2021 年 12 月第 1 版
印　　次：2021 年 12 月第 1 次印刷
开　　本：710mm×1000mm　1/16
印　　张：9.75
字　　数：113 千字
书　　号：ISBN 978-7-5710-0747-8
定　　价：58.00 元

中国有着五千年悠久的历史文化，中华民族在世界科技创新的历史上曾经有过辉煌的成就。习近平主席在给第22届国际历史科学大会的贺信中称："历史研究是一切社会科学的基础，承担着'究天人之际，通古今之变'的使命。世界的今天是从世界的昨天发展而来的。今天世界遇到的很多事情可以在历史上找到影子，历史上发生的很多事情也可以作为今天的镜鉴。"文化是一个民族和国家赖以生存和发展的基础。党的十九大报告提出："文化是一个国家、一个民族的灵魂。文化兴国运兴，文化强民族强。"历史和现实都证明，中华民族有着强大的创造力和适应性。而在当下，只有推动传统文化的创造性转化和创新性发展，才能使传统文化得到更好的传承和发展，使中华文化走向新的辉煌。

创新驱动发展的关键是科技创新，科技创新既要占据世界科技前沿，又要服务国家社会，推动人类文明的发展。中国的"四大发明"因其对世界历史进程产生过重要影响，而备受世人关注。但"四大发明"这一源自西方学者的提法，虽有经典意义，却有其特定的背景，远不足以展现中华文明的技术文明的全貌与特色。那么中国古代到底有哪些重要科技发明创造呢？在科技创新受到全社会重视的今天，也成为公众关注的问题。

科技史学科为公众理解科学、技术、经济、社会与文化的发展提供了独特的视角。近几十年来，中国科技史的研究也有了长足的进步。2013 年 8 月，中国科学院自然科学史研究所成立"中国古代重要科技发明创造"研究组，邀请所内外专家梳理科技史和考古学等学科的研究成果，系统考察我国的古代科技发明创造。研究组基于突出原创性、反映古代科技发展的先进水平和对世界文明有重要影响三项原则，经过持续的集体调研，推选出"中国古代重要科技发明创造 88 项"，大致分为科学发现与创造、技术发明、工程成就三类。本套丛书即以此项研究成果为基础，具有很强的系统性和权威性。

了解中国古代有哪些重要科技发明创造，让公众知晓其背后的文化和科技内涵，是我们树立文化自信的重要方面。优秀的传统文化能"增强做中国人的骨气和底气"，是我们深厚的文化软实力，是我们文化发展的母体，积淀着中华民族最深沉的精神追求，能为"两个一百年"奋斗目标和中华民族伟大复兴奠定坚实的文化根基。以此为指导编写的本套丛书，通过阐释科技文物、图像中的科技文化内涵，利用生动的案例故事讲解科技创新，展现出先人创造和综合利用科学技术的非凡能力，力图揭示科学技术的历史、本质和发展规律，认知科学技术与社会、政治、经济、文化等的复杂关系。

另一方面，我们认为科学传播不应该只传播科学知识，还应该传播科学思想和科学文化，弘扬科学精神。当今创新驱动发展的浪潮，也给科学传播提出了新的挑战：如何让公众深层次地理解科学技术？科技创新的故事不能仅局限在对真理的不懈追求，还应有历史、有温度，更要蕴含审美价值，有情感的升华和感染，生动有趣，娓娓道来。让中国古代科技创新的故事走向读者，让大众理解科技创新，这就是本套丛书的编写初衷。

全套书分为"丰衣足食·中国耕织""天工开物·中国制造""构筑华夏·中国营造""格物致知·中国知识""悬壶济世·中国医药"五大板块，系统展示我国在天文、数学、农业、医学、冶铸、水利、建筑、交通等方面的成就和科技史研究的新成果。

中国古代科技有着辉煌的成就，但在近代却落后了。西方在近代科学诞生后，重大科学发现、技术发明不断涌现，而中国的科技水平不仅远不及欧美科技发达国家，与邻近的日本相比也有相当大的差距，这是需要正视的事实。"重视历史、研究历史、借鉴历史，可以给人类带来很多了解昨天、把握今天、开创明天的智慧。所以说，历史是人类最好的老师。"我们一方面要认识中国的科技文化传统，增强文化认同感和自信心；另一方面也要接受世界文明的优秀成果，更新或转化我们的文化，使现代科技在中国扎根并得到发展。从历史的长时段发展趋势看，中国科学技术的发展已进入加速发展期，当今科技的发展态势令人振奋。希望本套丛书的出版，能够传播科技知识、弘扬科学精神、助力科学文化建设与科技创新，为深入实施创新驱动发展战略、建设创新型国家、增强国家软实力，为中华民族的伟大复兴牢筑全民科学素养之基尽微薄之力。

冯立昇

2018 年 11 月于清华园

前言

PREFACE

005

"天行健，君子以自强不息。"中华民族是一个自信、自新、自强的民族，勇于创新、善于创新，因此五千年星火相传、巍然屹立在世界民族之林。在人类文明进程中，中国曾经长期遥遥领先于其他国家，产生了以"四大发明"为代表的中国古代科技成就。

中国古代科技是祖先留给我们的一份丰厚的科学遗产，它表明中国人在研究自然并用于造福人类方面，很早而且在相当长的时间内就已雄居于世界先进民族之林，这是值得我们自豪的巨大源泉。中国古代科技蕴藏在汗牛充栋的典籍之中，凝聚于物化了的、丰富多姿的文物之中，融化在至今仍具有生命力的诸多科学技术活动之中，需要下一番发掘、整理、研究的功夫，才能揭示出它博大精深的真实面貌。

毋庸讳言，中国古代科技源于生活，而生活需要各种实用技术。造纸、印刷、纺织、陶瓷、建筑艺术等中国人引以为傲

的发明创造无不带有鲜明的实用烙印。然而，由于时代的原因，曾经应用广泛的古代实用技术，今天早已失传或正在消失，很多只能到博物馆中去找寻感悟了。因此，需要我们以现代技术手段复原和再现，以今天的科学道理去揭示和阐述。

本书是作者披沙沥金，从科普场馆中精选出最受公众欢迎的展品，在此基础上重新描绘而成的几个精彩科学世界的片段。阅读这本小册子，您不仅可以浏览中国古代科技成就的精华，还可以了解这些成就中蕴含的科学原理，欣赏一个个有趣的科学故事。

本书比较系统地介绍了小孔成像、潜望镜、透光镜、喷水鱼洗、新莽铜卡尺、等程律、中国古代律学等中国古代科技成就，从一定意义上廓清了这几个典型原创科技成就发展的脉络及对世界文明产生的影响，有助于我们深入学习科技发展史，全面、准确、客观地了解中国科技取得的辉煌成就。

比如，古代中国光学均来自于对自然现象的观察和生产经验的总结。在光学理论形成的过程中，工匠师傅的经验对从事科学研究的学者提供了有益的启示。因此，工匠的经验与学者的探索，一起构成古代中国光学发展的源流。古代中国光学发展的历程中，小孔成像和透光镜经常出现在各种典籍中。由于人们的生产和生活需要，小孔成像和透光镜等光学知识被历代典籍辗转传抄，流传下来，对世界光学的发展产生了重要影响。

再如，中国古代乐律学被称为"千古绝学"，是连续两千多年领先于世界的"带头学科"。所谓"乐律学"，即研究乐音的音高规律及其数理关系的科学。它是音乐声学、数学和音乐学互相渗透的一门交叉学科。有文字可考的中国律学实践，至少可以上溯到公元前 11 世纪，典型的如《史记》中所载"武王伐纣，吹律听声"。其后的三千多年，中国律学理论与实践一直持续发展，绵延不绝，新的突破层出不穷。

我们经常把音律学与乐律学相混淆。音律学是语言学的一部分，即与汉语拼音有关的学问。乐律学的语言已经为今人所生疏，本书以学术严谨性与表述通俗性为目标，梳理了中国古代乐律学的发展历程，重点介绍了"十二等程律"对世界文明产生的影响。从音乐学的角度看，没有十二等程律，就不会有近代和现代的钢琴以及交响音乐。语言学家刘半农（1891－1934年）曾这样慨叹："大家都知道火器、造纸、印书是中国人的三大发明。到了近代，西洋人用所有的力量，所有的科学方法完全放上去，使这三种东西每一种都有飞速的进步，极度的改良，而我们却须回过头去跟他们学习……唯有明朝末年朱载堉先生发明的十二等率，却是一个一做就做到登峰造极的地步的大发明。他把一协分为十二个相等的半度，是个唯一无二的方法，直到现在谁也不能推翻它摇动它……全世界各国的乐器，有十分之八九都要依着他的方法造。"

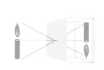

本书可谓科学史文章的汇编，为公众理解科学、技术、经济、社会与文化的发展提供了独特视角，有利于提高公众的科学素养，有利于增强人们的民族自信心和自豪感，有利于弘扬中华优秀传统文化。正如科技史专业的王士平教授所言："科学史文章包括物理学史文章在内，都属于文化。一种文化现象或文化思想的发现、阐释、见解与流传与科学本身具有同等价值。在时间上，科学史文章可能比纯粹的科学论文保留时间更长。在某种意义上说，一篇好的科学史论文不因为科学本身的进步发展而失去它的文化与历史价值，而一个科学发现往往会因随之而来的又一个发现而被人遗忘。"我们期待中国先贤的智慧能够成为激励当代中国人创新的持续动力！

目录

CONTENTS

中間爲窗所束亦皆倒垂與陽燧一也陽燧面
窪以一指迫而照之則正漸遠則無所見過此
遂倒其無所見處正如窗隙舡槳腰鼓礙礙之本
末相格遂成搖艣之勢故舉手則影愈下下手
則影愈上此其可見 陽燧面窪向日照之光皆聚向內離鏡一二寸光聚
爲一點大如麻菽着物則 登特物爲然人亦如 火發此則腰鼓最細處也
是中間不爲物礙者鮮矣小則利害相易是非
相反大則以已爲物以物爲已不求去礙而欲
見不顚倒難矣哉此妄說也 陰陽雜俎謂海翻則塔影倒 影入窗隙則倒乃
其、常

小孔成像

第一章

PART 1

小孔成像

而移或中間為窗隙所束則影與臬遂相違為

人摇艣臬為之礙故也若為飛空中其影隨臬

陽燧照物皆倒中間有礙故也算家謂之格術如

即斐字也

三字合言之

梵語薩嚩訶也可反訶從去聲　斐此乃楚人舊俗即

江獠人从　今夔峽測湘及南北

之工巧戎　有其比

楚詞招魂序

至擊刺馳射人有餘此皆近歲　術器仗鎧胄極今古

高之弓人當五人有餘此皆近歲教養所成以

光学是一门古老的学科，其悠久的历史几乎和人类文明史本身一样久远。古代中国光学均来自于对自然现象的观察和生产经验的总结。由于人们的生产和生活需要，技术中蕴藏的光学知识被历代典籍辗转传抄，流传下来。这是我国传统科学的一个特点。在光学理论形成的过程中，工匠师傅的经验为从事科学研究的学者提供了有益的启示。因此，工匠的经验与学者的探索，一起构成光学发展的源流。古代中国光学即使有一些定量记述，也多是为了师徒传授的方便。从史家的观点看，古代中国光学中相关的数学—物理方法的缺失、古代光学技术经验的记述以及学者"抓住本质"的素养，这些一起影响着光学的发展，甚至还影响着后来中国学者对西方科学知识的消化和吸收。今日光学的基本精神和追求，与古代学者的研究传统是一脉相承的，这个传统就是要探索大千世界，找到构成万事万物的本原。

　　古代中国的光学是古代物理学发展较好的学科之一。阳燧（铜质凹面镜）的制造技术，影子的形成机理，小孔成像的道理，平面镜、凸面镜和凹面镜的光学成像特点，这些知识都远早于世界其他国家。这些科技成就大都与先秦墨子为首的墨家学派相关，他们曾利用烛炬与铜镜进行光学实验。

墨子对小孔成像的研究

李白在《月下独酌》中有诗："花间一壶酒，独酌无相亲。举杯邀明月，对影成三人。"描写了李白在月夜与"我外之我"的影子及月亮一同畅饮的情景，表现出诗人独斟独酌、举目无知音的孤独之情。其中，"举杯邀明月，对影成三人"，这三个人是指杯子中的影人、地上的影人和实体人（真人）。杯子中的"人"是由于光的反射形成的虚像，这时杯子中的液体就相当于一面反射镜；地上的"人"是光的直线传播现象形成的。当然，也有学者把"三人"定义为月亮、影子和李白。

人们在树荫下会看到一个个小光斑，当日偏食出现的时候，圆形的光斑就变成了一个个小月牙，这些光斑的形状并不是树叶间缝隙的形状，其实都是太阳的影像。与此相关的小孔成像的知识不仅是学生科学课程中的重要内容之一，同时也成为我们设计科普展品、开展科普展览、进行科普教育等工作时经常选择的题材之一。

中国古代科学家对小孔成像现象进行过比较深入的研究。早在战国时代，墨子做了世界上最早的小孔成像的实验，提出了小孔成像的光学原理，并给予了合理的解释。《墨经》中这样记录了小孔成像：

"景到，在午有端与景长，说在端。"

"景。光之人，煦若射，下者之人也高；高者之人也下。足敝下光，故成景于上；首敝上光，故成景于下。在远近有端，与于光，故景库内也。"

这条文字就是科学史上经常提到的真空暗盒实验。这里的"景"是指影像；"到"是倒立的意思；"午"是两束光线相交之处，即交叉点的意思；"端"在古汉语中有"终极""微点"的意思，这里指的是暗盒小孔，或指以小孔为顶点的光锥；"在午有端"指光线的交叉点，即针孔。物体的投影之所以会出现倒像，是因为光线是直线行进的，在针孔这一小点上，不同方向射来的光束互相交叉而形成倒影。"光之人，煦若射"是一句非常形象的比喻。"煦"即照射，指照射在人身上的光线，就像射箭一样。"下者之人也高；高者之人也下"是说照射在人上部的光线，则成像于下部；而照射在人下部的光线，则成像于上部。于是，直立的人通过针孔成像，投影便成为倒像。"庳"指暗盒内部而言。"远近有端，与于光"，指出物体反射的光与影像的大小同针孔距离的关系。物距越远，像越小；物距越近，像越大。

图 1-1-1

小孔成像

【中国科技馆】

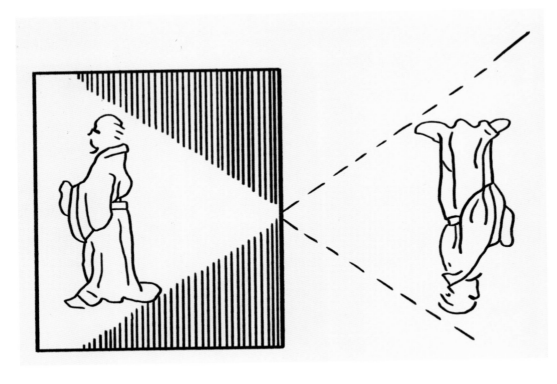

图 1-1-2

小孔成像示意图·（*D*·*A* 重绘）

【来源：钟雪生，《小孔成像的故事》，《科技馆》，1989 年第 2—3 期，第 14 页。】

墨子（前480—前390年）名翟，是中国古代伟大的思想家、教育家、科学家、军事家和社会活动家，他创立的墨家学派是中华民族优秀文化的重要代表之一。墨子在力学、数学、几何学、光学、声学等领域都有辉煌的成就，是将手工业技巧升华为科学理论的启蒙者，表现了中国人崇尚科学、以人为本的精神。

图 1-2-1

墨子像

【墨子纪念馆】

2016年8月16日1时40分，世界首颗量子科学实验卫星"墨子号"在酒泉卫星发射中心成功发射。潘建伟院士将全球首颗量子科学实验卫星命名为"墨子号"，既是向我国自然科学先驱墨子致敬，也表明了科学家们对这颗量子科学卫星的期望。

中国历史文献中的小孔成像

　　从墨子的科学贡献看，他不但最早记述了小孔成像现象，而且第一次对光沿直线传播进行了科学解释。

《经下》：

　　"景到，在午有端与景长，说在端。"

意思是：影颠倒，光线相交，焦点与影子造成，是所谓焦点的原理。

《经说下》：

　　"景。光之人，煦若射，下者之人也高；高者之人也下。足敝下光，故成景于上；首敝上光，故成景于下。在远近有端，与于光，故景库内也。"

意思是：影，光线照人，反射，像箭一样直。射到下面反射到高处，射到高处反射到下面，因此形成倒影。足遮住下面的光，反射成影在上；头遮住上面的光，反射成影在下。在物的远处或近处有一小孔，物体为光的直线所射，反映于壁上，故影倒立于屏内。

　　遗憾的是，由于墨学的衰微，《墨经》在很长时间里都不为人们所了解，墨子在小孔成像实验中所获得的认识也就没有得到很好的继承和发展。

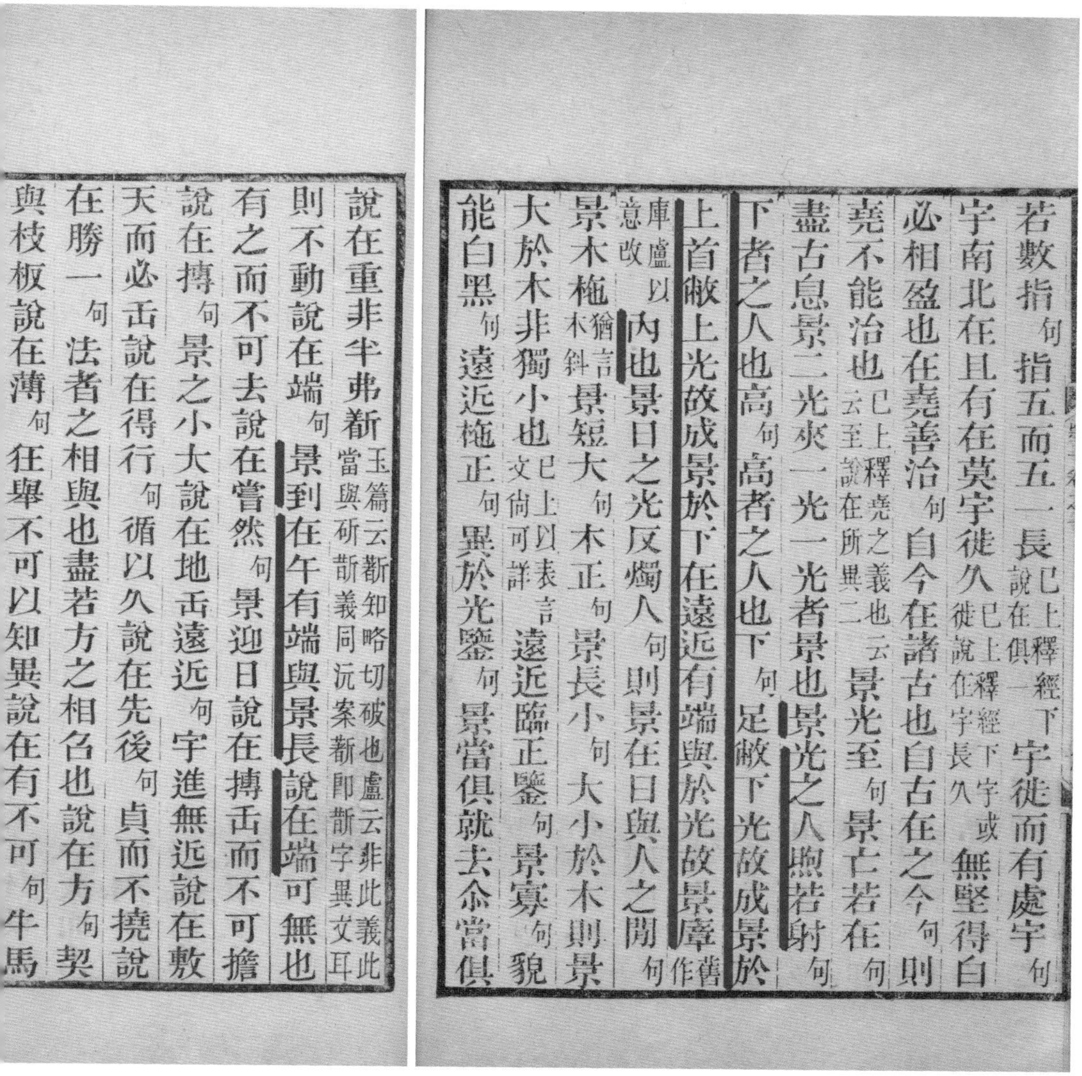
若數指句指五而五一長已上釋經下說在俱一宇徙而有處宇句
宇南北在且有在莫宇徙久已上釋經下宇或徙說在宇長久無堅得白
必相盈也在堯善治句自今在諸古也自古在之今句則
堯不能治也已上釋堯之義也云云至說在所異二景光至句景亡若在句
盡古息景二光夾一光一光者景也景光之人煦若射句
下者之人也高句高者之人也下句足敝下光故成景於
上首敝上光故成景於下在遠近有端與於光故景庫舊作
庫盧以意改內也景日之光反燭人句則景在日與人之閒句
景木柂猶言木斜景短大句木正句景長小句大小於木則景
大於木非獨小也已上以表言文尙可詳遠近臨正鑒句景寡句貌
能白黑句遠近柂正句異於光鑒句景當俱就去尒當俱
說在重非半弗斱玉篇云斱知略切破也盧云非此義此當與斫斱義同沅案斱卽斱字異文耳
則不動說在端句景到在午有端與景長說在端可無也
有之而不可去說在嘗然句景迎日說在摶缶而不可擔
說在摶句景之小大說在地缶遠近句宇進無近說在敷
天而必缶說在得行句循以久說在先後句貞而不撓說
在勝一句法者之相與也盡若方之相名也說在方句契
與枝板說在薄句狂舉不可以知異說在有不可句牛馬

图 1-3-1

墨子记述的小孔成像现象 · 《墨经 · 卷十》

秦汉以后，中国对小孔成像的研究还处于重新发现现象、从头探讨机理的状态。尤其有趣的是，唐人段成式在《酉阳杂俎》中曾经记述"塔影倒"这一小孔成像的情形，并且说："老人言，海影翻则如此。"

直到宋代，沈括在《梦溪笔谈》中对小孔成像做出了进一步的解释：

> "若鸢飞空中，其影随鸢而移，或中间为窗隙所束，则影与鸢遂相违，鸢东则影西，鸢西则影东。又如窗隙中楼塔之影，中间为窗所束，亦皆倒垂，与阳燧一也。《酉阳杂俎》谓海翻则塔影倒。此妄说也。影入窗隙则倒，乃其常理。"

图 1-3-2

沈括对小孔成像的解释·《梦溪笔谈·卷第三·辨证一》

陽燧照物皆倒中間有礙故也算家謂之格術如

人搖艣臬為之礙故也若鳶飛空中其影隨鳶

而移或中間為窗隙所束則影與鳶遂相違鳶

東則影西鳶西則影東又如窗隙中樓塔之影

中間為窗所束亦皆倒垂與陽燧一也陽燧面

窪以一指迫而照之則正漸遠則無所見過此

遂倒其無所見處正如窗隙中艣臬腰鼓礙之本

末相格遂成搖艣之勢故舉手則影愈下手

則影愈上此其可見陽燧面窪向日照之光皆

聚向內離鏡一二寸光聚

為一點大如麻菽着物則火發此則腰鼓最細處也

是中間不為物礙者鮮矣小則利害相易是非

卷三

笠特物為然人亦如

图 1-3-3

纪念沈括的邮票

说明　沈括认为：鸢飞空中和楼塔透过窗隙呈现的倒影，是因光线直线传播的特性和小孔成像的原理，光线经过窗户上的小孔隙后，在小孔的另一方空间出现了倒立的影像。

在中国古人对小孔成像的研究中，最能体现科学实证精神的是元代的赵友钦。赵友钦设计了一个特殊的实验室，用来演示小孔成像实验。实验室器具布置、实验步骤、结论及理论分析记述于《革象新书》卷五《小罅光景》之中。所谓"小罅光景"也就是小孔成像。赵友钦通过"小罅光景"，论证了光的直线传播，又说明了光源大小、强度与孔的大小、距离，以及像的大小、亮度之间的关系。

通过分析"小罅光景"实验，我们可以得知，赵友钦运用对比实验以及定量推理的方法，得出了小孔的像和光源的形状相同、大孔的像和孔的形状相同的结论，并指出这个结论是"断乎无可疑者"。用这样严谨的实验，来证明光的直线传播，阐明小孔成像的原理，不仅在当时绝无仅有，即使在今天也值得我们学习。尤其可贵的是，赵友钦对像距、像大小、照度大小的解释，不仅对现象的解释正确，而且语言表达中蕴含着几何光学的思想。这个解释所暗示的照度随像距增大而减小的定性规律，在其 400 年后，才由德国科学家朗伯用实验发现，照度与距离平方成反比的定量定律。

图 1-3-4

纪念郭守敬的邮票

> **说明** 元代郭守敬发明的"仰仪"和"景符"，实际上也运用了小孔成像原理。

清代之前，我国对小孔成像的研究，只限于"倒像"的一种成像结果。直到清代郑复光，才通过一系列实验揭示了成像的全过程，包括正像、模糊无像以及倒像等几种情况。

清代也有利用小孔成像原理观看日食的记录。清末郑光祖《一斑录》卷三记载："在天日食，仰视耀目，可将厚纸刺一穴照于日，另以一纸在穴下承其影，视之则日食分秒毕见，而影亦倒。" 清末的邹伯奇在《摄影之器记》中说：因读《梦溪笔谈》中塔倒影与阳燧倒影（像）同理，激发他研究透镜成像的兴趣。

图 1-3-5

邹伯奇对《梦溪笔谈》的研究

正确理解生活中的小孔成像现象

北京电视台科教频道《魅力科学》栏目曾经播出一期节目——《老屋怪影》。节目梗概是，永城市薛湖镇有一间百年老屋，50多年前屋主人一觉醒来，突然发现屋内墙壁上有人影来回走动。弹指一挥间，50多年过去了，神秘的影子还是经常出现，惊现鬼影的事也被传得沸沸扬扬，这间百年老屋也显得神乎其神。后来，屋主人家的喜事接二连三，各种猜测纷至沓来，有的甚至认为是神秘的影子在暗中保佑。十里八村前来观看老屋怪影的人络绎不绝，严重影响了这家人的正常生活。

其实，出现这种现象并不神秘。根据小孔成像的原理，这间老屋之所以能够成像，是因为屋子里的两个通风口线度开得恰到好处，在与周围光线达到合适角度的条件下，远处景象的倒影就会呈现在老屋的墙壁上。所以，这一切都是巧合。建造房子时，绝对没想到要设计一个能够实现小孔成像的房子。而其他人家的房子虽然也有两个通风口，却因为成像条件不足而无法形成如此神奇的现象。

小孔成像实验，我们在家里就可以做，而且材料也非常简单。首先，我们可以在桌面上放一张白纸作光屏，把一片中心戳有小孔的硬纸片放在白炽灯和光屏之间，并固定在支架上。然后关上电灯，让屋内昏暗，即可在光屏上看到灯丝的像，且像的开口处与灯丝的开口处方向相反，说明像是倒立的。若向上或向下移动小孔的位置，像的大小也随之发生变化。

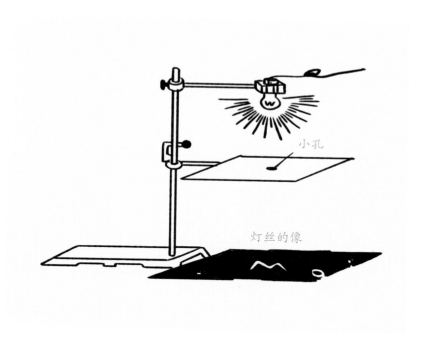

小孔

灯丝的像

图 1-4-1

简易小孔成像实验·（*D·A* 重绘）

由小孔成像引起的思考

　　今天，我们用历史的长镜头对中华文明进行逆向考察，应该反思文化源头，承认在我们的文化结构中，接纳现代科学的基因相对薄弱。秦汉以来对墨子科学思想束之高阁，就是其中的一个例子。

图 1-5-1

中国科技馆的小志愿者为观众演示"墨子号"量子卫星与地面站通信过程

以光学的发展为例。古代中国光学均来自于对自然现象的观察和生产经验的总结。由于人们的生产和生活需要，技术中蕴藏的光学知识被历代典籍辗转传抄，流传下来。这是我国传统科学的一个特点。在光学理论形成的过程中，工匠师傅的经验为从事科学研究的学者提供了有益的启示。因此，工匠的经验与学者的探索，一起构成光学发展的主流。古代中国光学即使有一些定量记述，也多是为了师徒传授的方便。从史家的观点看，古代中国光学中相关的数学——物理方法的缺失、古代光学技术经验的记述以及学者"抓住本质"的素养，这些一起影响着光学的发展，甚至还影响着后来中国学者对西方科学知识的消化和吸收。今日光学的基本精神和追求，与古代学者的研究传统是一脉相承的，这个传统就是要探索大千世界，找到构成万事万物的本原。

现在我们大凡提到科学，首先想到西方，似乎科学精神是西方的专利，就连我们的日常用语，也时常套用古希腊的形式逻辑。其实，我国古代以四大发明为代表，对人类文明做出了伟大贡献。英国哲学家培根曾指出：印刷术、火药和指南针"已经改变了世界的面貌"。英国科学史家李约瑟也曾经说，中国"在 3 世纪到 13 世纪之间保持了一个令西方望尘莫及的科学知识水平"，现代西方世界所应用的许多发明都来自中国，中国是一个发明的国度。但是，在中国古代科学的发展当中，很少有人对自然界基本规律进行系统深入的研究。与实践经验比较，理论探讨尤其是数理探讨显得极为薄弱。从小孔成像到摄影术的发展，就体现了这一点。

摄影术的发展首先是从照相机的发明开始的，而照相机的发明又与人类对小孔成像的研究密不可分。因为物体经小孔成的像，不仅可以用像屏来承接，还可使照相底片感光，早期人们利用此原理制成针孔照相机。我国早在《墨经》中就记述了用暗室摄取影像的小孔成像的原理。明末清初，将小孔成像原理应用于绘画暗箱已经非常流行。

墨子提出小孔成像的理论以后，在西方关于小孔成像的记载，最早见于古希腊亚里士多德的著作中。亚里士多德在其著作中写道："如果在一个没有窗户的房子里有一个小孔，小孔对面的墙上有一幅倒转的画面，这个画面就是外面的景色。"无疑，亚里士多德的"如果"是假设的意思。达·芬奇也曾用小孔成像描绘景物。在 16 世纪文艺复兴时期，欧洲出现了供绘画用的"成像暗箱"。小孔暗箱虽然能成像并得到应用，但其缺点是不能解决影像亮度和清晰度之间的矛盾，于是出现了有透镜的暗箱，形成了照相机的雏形。带透镜的暗箱虽然能观察景物，但是不能把看到的景物永久保存，后来人们开始对影像如何复制的问题进行了思考。1837 年 5 月，达盖尔使摄影成为现实，并命名为"达盖尔摄影法"。1839 年 8 月 19 日，法国科学院与艺术学院发表了达盖尔摄影术，摄影术在西方正式诞生了。

许多西方近现代关于摄影历史的文章里都提到了墨子。比如，吴钢在中国摄影出版社出版的《摄影史话》中提到，西方的史学家认定，早在 2300 多年前墨子就观察到小孔成像的现象。2008 年诺贝尔文学奖得主勒·克莱齐奥认为，墨子发明的小孔成像技术，在文艺复兴时期让绘画作品变得更加真实和精确。

近年来，我国经常以传统文化中的代表人物来命名"大国重器"。因此，我们在太空中看到了"嫦娥""悟空"和"墨子"。这一做法不但体现了我们的文化自信，也有利于唤起国人对传统文化的关注。也许会有人认为，从现在的眼光来看，墨子的科技思想和成就，已经显得很平常。但我们看待问题要有历史眼光，要看到在人类科技发展处于萌芽状态的时候，墨子的科学精神难能可贵。不忘先贤探索自然的初心，"墨子号"的命名就是我们对中国古代科技成就的一次回顾。回顾不是自我陶醉，更不是妄自尊大，而是为了更好的前瞻，是为了重塑中华民族的文化自信。

彼猶此見，則吳與越人交相見矣

潜望镜

静止的水面是光的良好反射面。早在原始社会，人类就已注意到平静湖面中的倒像。殷商时代，就已经有人利用静止的水盆作为照像器具，这种器具叫"鉴"，也就是后来所说的"水镜"。甲骨文的"鉴"字，其形就像一个人面对盆来照颜。可见，在人类还没有掌握青铜器的铸造技术之前，以盆盛水照颜是很普遍的。在铜镜得到发展以后，以水照颜还是很普遍的，因为盆、水始终和我们的生活息息相关，而且它们比鉴更为容易取得。

　　在古代，我国的一些名山古刹的屋檐下，经常倾斜地挂着一面青铜大镜。当有人从山下的小路走上来时，古刹里的和尚便会提前知晓。当然了，和尚没有千里眼和顺风耳，为什么可以知道有人登门呢？打开《淮南万毕术》一书，就能明白其中的秘密了。和尚之所以能知道庙门外的情况，这是因为和尚在地上放了一盆清水，正好对着青铜大镜，看到水面映出的像，就知道庙外的情况了。

刘安及其《淮南万毕术》

　　《淮南万毕术》是刘安及其门客的作品，是我国古代有关物理、化学的重要文献。尽管刘安并不是物理学家，但其著作中汇集了中国古代物理实验精华，向我们展示了一个丰富多彩的物理实验世界，激发了人们动手实验的欲望，从而推动了中国古代物理实验活动的发展。

图 2-1-1

刘安（前 179—前 122 年）

　　汉高祖之孙，袭父爵位为淮南王。刘安"笃好儒学，兼占候方术"。他不仅是一位思想家、文学家，还是传播科学知识的先驱者。当时，淮南一带是我国的文化中心之一，所以"道术之士并会淮南，奇方异术莫不争出"。一些典籍说这派人有许多奇妙的本领，现在分析，应该是利用科学技术搞的幻术。

《淮南万毕术》中的潜望镜

公元前 2 世纪，汉代初年成书的《淮南万毕术》记载："高悬大镜，坐见四邻。"东汉高诱注《淮南万毕术》时指出："取大镜高悬，置水盆于其下，则见四邻矣。"这段精炼的文字，明确地告诉了我们制作简单潜望镜的方法。在悬镜照邻中，水盆的作用是把从大镜反射到水盆水面的光线再反射给人眼，使人能看到墙外的景物。很明显，水盆与大镜的组合，已经构成了潜望镜，这是一个利用光的反射特性的杰出发明。

▶

图 2-2-1

淮南王刘安关于反射镜原理的描写 · 《淮南万毕术》

刘安及门客根据平面镜组合反射光线的原理，发明了世界上最早的潜望镜装置。利用潜望镜装置，不出门就可隔墙观察墙外景物。装置虽然简单，却影响深远。它和现在实际使用的许多很复杂的潜望镜的原理完全是一样的，可称为近代潜望镜的"鼻祖"。中国科技馆华夏之光展厅的"潜望镜"展品，就是根据《淮南万毕术》的记载复原的互动展品，观众可感受到中国古代科技取得的辉煌成就。实际上，水的反射率很低，水面反射实物尚可，令其反射来自镜面的像就相当难。因此，人们难以在水盆里看到来自铜镜的像。

磏石懸入井亡人自歸

太平御覽九百八十八

取亡人衣帶裹磏石懸井中亡人自歸

太平御覽九百八十八又七百
三十六引作取亡人衣裏磏石
懸室中亡者自歸矣與此異

東行馬蹄中土令人臥不起

太平御覽三十七

白馬蹄下土三家井中泥合土而
和之置臥人臍上卽不能起

太平御覽
三十七

取東行

明本本行東
鮑本無而字
兹據鮑刻
兹據明刻

高懸大鏡坐見四鄰

北堂書鈔百三十六引
文作淮南子卽此文

取大鏡高懸置水盆於其下則見四鄰矣

宋本意林六
太平御覽
七百十七引作淮南子注云取大
鏡高懸盆中水晃見四鄰卽此文二
鮑本無此

賣酒人民自聚

太平御覽七百三十六

燒木賣木

字兹據明刻

取失火家木刻作人形朝朝祭之人聚也

太平御覽七
百三十六

图 2-2-2

潜望镜·《淮南万毕术》（*D·A* 重绘）

　　潜望镜是指从水面下伸出水面或从低洼坑道伸出地面，用以窥探水面或地面上活动的装置。中学教科书中的潜望镜，通常是把两面平面镜成 45° 角安装在"Z"形曲管的转弯处。《淮南万毕术》中记载的潜望镜没有"Z"形曲管，是开管潜望镜。

　　简易潜望镜是由装在"Z"形曲管中的两块平面镜组成的，两面镜子相互平行。远处物体射向第一块平面镜的光线，经反射后，投射到第二块平面镜上，再经第二块平面镜反射进入人的眼睛。人眼看到的是经过两次反射成的像。

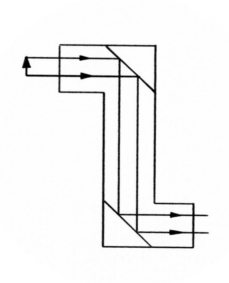

图 2-3-1

潜望镜原理图·（D·A 重绘）

因为平面镜不能百分之百地反射光，有一些损失，使反射光变弱。为了观察得更清晰，现代的潜望镜把反射光线的两块平面镜改成两块直角棱镜。全反射棱镜可以减少光反射时的损失，增加像的清晰度和照度，使所成的像看起来更清楚，不会出现重影。

现代潜望镜是一种在隐蔽处观察外界情况时常用的光学仪器，主要是为国防和科研服务的。在潜水艇、坑道和坦克内，常用潜望镜侦察敌情。比如，火箭发射场里，科学家在地下室利用潜望镜观察火箭的发射情况；再如，在进行原子物理实验时，科学家利用潜望镜隔着厚厚的保护墙，观察实验情况。

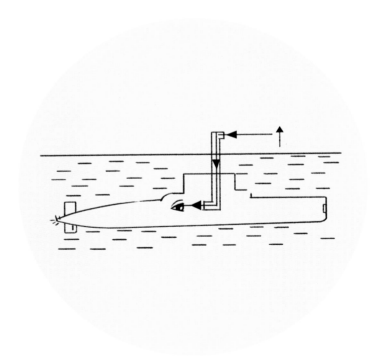

图 2-3-2

潜望镜原理在潜水艇上的应用·（D·A重绘）

中国历史文献中的潜望镜

我国古代不仅创制了潜望镜，而且对潜望镜的原理也有比较正确的认识。刘安以后，北周文学家庾信（513－581年）第一个将"悬镜"写入诗中，使"悬镜"技术广为流传。庾信《咏镜诗》写道：

"玉匣聊开镜，轻灰暂拭尘。光如一片水，影照两边人。月生无有桂，花开不逐春。试挂淮南竹，堪能见四邻。"

这首诗的最后一句描述的就是潜望镜，也表达了庾信对镜的喜爱。

日食现象就是由于光的直线传播形成的，直接观看太阳会灼伤眼睛。为了避免直视强光，至少在公元前1世纪，汉代京房已经采用水盆反射法观测日食（水盆照映），宋代又改用油盆进行观测（乌盆观日），能够观测到食分在1/10内的日食。

唐代音韵学和训诂学家陆德明在《经典释文》里注解《庄子·天下篇》时说：

“鉴以鉴影，而鉴亦有影；两鉴相鉴，则重影无穷。”

意思是：一面镜子的反射光线遇到另一面镜子，就变为入射光线，又经过再一次反射；两镜之间经过几次反复，镜中不仅有实物的像，还有像的像，因而能看到许多的像。这段话表明，陆德明比刘安对潜望镜的认识更进了一步。

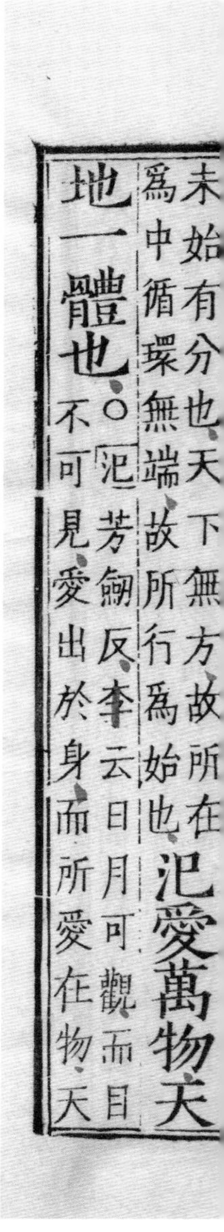
未始有分也天下無方故所在爲中循環無端故所行爲始也汜愛萬物天地一體也〇汜芳劒反李云日月可觀而目不可見愛出於身而所愛在物天

图 2-4-1

陆德明关于潜望镜原理的注解·《庄子·天下篇》

大同異

○同體
異分故曰小同異死生禍福
之
至也一矢若堅白無不合無不離也則萬
異一也眾異同於一之至也則萬物之同
然則水含陽火中之陰異於水水中之
水含陽火中之陰異於火水至異於火
曰大同異異故同所異故同
方無窮故無四方之

南方無窮而有窮○司馬李云四方

窮耳一云四方上下皆不能處其窮會有窮
也形不盡形色不盡色相與物相盡也
窮知物色不窮物知無與物相形與色
也眾物不窮故無物不窮知物有無窮之舉
一隅

今日適越而昔來智形有之適物有所止智物有所適

影無窮而物無窮物無物為物物為重逆
旅也智鑒以守形而鑒亦有影兩鑒相為
行也智鑒以鑒形兩鑒相為

一物而物無窮物無入於一智則智身在智中則智無間萬物往來在
思親者則天在心外也智在心外則思親者往也病而在

天內則天在心外也遠而見物物在智外則智往也
彼親此猶日彼此見此猶吳與越人交相見
雲彼猶此日彼此見則吳與越猶彼此見矣

也○司馬云夫物盡於無形非形盡之外也若兩物
也連環則所貫則無環形非貫盡於環外也若兩物

環也
不相貫則

連環可解

西方早期对潜望镜的研究

由于历史久远，潜望镜是何人何时发明的，已经很难考证了。但是，《淮南万毕术》是世界上最早记载潜望镜原理的书。从第一次世界大战开始，潜望镜就应用到了军事上。

潜望镜是潜艇的眼睛，是为了在不被水面舰船发现的情况下，提供能观察海面的装置。历史上，最早的一些潜艇是没有潜望镜的，潜艇在潜没航行时只能是像瞎子一样摸索着前进。

20 世纪初，现代潜艇潜望镜由德国人发明。1906 年，德国海军建成第一艘潜艇时，就已使用了相当完善的光学潜望镜。它的主要部件是一根长钢管桅杆，由物镜、转像系统和目镜等组成，可升至指挥塔外 5 米高的位置，两端都安装有棱镜和透镜，并可将视野放大至 1 倍到 6 倍。当时的潜望镜观察距离很近、视场狭窄、图像质量也很差，而且夜间无法使用。

尽管潜望镜的原理很简单，但实际上现代潜望镜是一个非常复杂的光学装置。目前，各国的潜艇都离不开潜望镜，只是其功能和传感器的配置有所不同而已。

图 2-5-1

露出水面的潜望镜

中国古代学者对透光镜的研究 · ZHONGGUO GUDAI XUEZHE DUI TOUGUANGJING DE YANJIU

中国对透光镜的复原 · ZHONGGUO DUI TOUGUANGJING DE FUYUAN

中国历史文献中的"透光"铜镜 · ZHONGGUO LISHI WENXIAN ZHONG DE "TOUGUANG" TONGJING

西方早期对透光镜的认识 · XIFANG ZAOQI DUI TOUGUANGJING DE RENSHI

PART 3

第二章

透光镜

清代物理学家郑复光在《镜镜詅痴》中称："独有古镜，背具花文。正面斜对日光，花文见于以光壁上，名透光镜。"可见，所谓的"透光镜"实为古铜平面镜。问题是，在其反射光屏上为什么能看到该镜的镜背花纹或者图案呢？

　　上海博物馆收藏有一面透光镜，背面有"见日之光，天下大明"的铭文。该镜直径 7.4 厘米，净重 50 克。

图 3-0-1

透光镜

周恩来总理视察上海博物馆的时候，见到这面"见日之光"的透光镜，很感兴趣，曾手持这面镜子赞叹称奇，指示有关人员研究青铜镜为什么会透光。他说："两千多年前的人们能铸造的镜子，我们要搞清楚这透光原理。"后来，这一问题在上海交通大学、上海博物馆及复旦大学的通力合作下，终于揭开了谜底，并用古法成功地复制出青铜透光镜。1978年3月，全国科学大会在北京召开，西汉透光铜镜的复制项目和其他科技成就被载入国家的历史。

图 3-0-2

周恩来总理参观透光镜

中国古代学者对透光镜的研究

　　透光镜的形态和古代常见的梳妆用铜镜没什么区别，但是当太阳光或平行光照射到镜面时，被镜面反射的光线照到墙壁上，同时，铸在镜子背面的铭文、图案，也会清晰明亮地显现在墙上。众所周知，铜本身是不透光的，可是用铜制成的透光镜却仿佛可以"透光"，这究竟是怎么回事？

　　透光镜与编钟、鱼洗一起，被称为中国古代青铜三宝。起初，人们把这种具有幻术般效应的透光镜看作"神物"。中国古人从发现透光现象到有意识地制造透光镜，再到认识到透光的本质，经历了漫长的过程，体现了中国古人的智慧。透光镜又叫作日光镜。李约瑟在其著作《中国科学技术史》中，把透光镜称为"不等曲率之镜"。

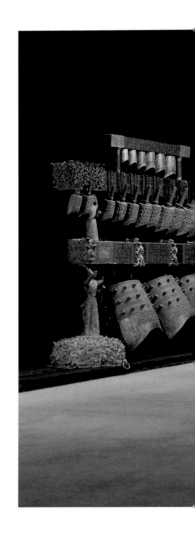

图 3-1-1

曾侯乙编钟

【湖北省博物馆】

透光镜能够透光的现象，一直以来都受到中国古代学者的关注。历史上，沈括、吾衍、方以智和郑复光等中国古代科学家，对透光镜的原理、机制，分别作出了一些解释，都有其合理的一面。

被李约瑟称为"中国科学史上最奇特的人物"的宋朝科学家沈括，是现有文献记载中对透光镜的"透光"原理作出科学分析的第一人。他认为，铸造过程中透光镜各处热胀冷缩不均匀，才形成了透光现象。这是一种比较合理的解释，称为铸造说。

沈括在《梦溪笔谈》中写道：

"世有透光鉴，鉴皆有铭文，凡二十字，字极古，莫能读。以鉴承日光，则背文及二十字，皆透在屋壁上，了了分明。人有原其理，以谓铸时薄处先冷，唯背文上差厚，后冷而铜缩多，文虽在背，而鉴面隐然有迹，所以于光中现。予观之，理诚如是。然予家有三鉴，又见他家所藏，皆是一样，文画铭字无纤异者，形制甚古。唯此一样光透，其他鉴虽至薄者，皆莫能透。意古人别自有术。"

▶

图 3-1-2

沈括关于透光镜的描写·《梦溪笔谈·卷十九·器用》

偽年號得一特以名鑄錢耳非年號也

世有透光鑑鑑皆有銘文凡二十字字極古莫能

讀以鑑承日光則背文及二十字皆透在屋壁

上了了分明人有原其理以謂鑄時薄處先冷

唯背文上差厚後冷而銅縮多文雖在背而鑑

面隱然有跡所以於光中現予觀之理誠如是

然予家有三鑑又見他家所藏皆是一樣文畫

銘字無纖異者形制甚古唯此一樣光透其他

鑑雖至薄者皆莫能透意古人別自有術

元朝科学家吾衍认为，造成"透光"的方法可称为"补铸法"。他在《闲居集》中讲到：如果镜背铸造成盘龙的图案，镜面也窍刻成像镜背的龙形那样，再用稍浊之铜"填补铸入"，将镜面削平，把铅加在上面，让太阳光照射镜面，投射在墙上的光会随铜的清浊度不同而有明暗。即铸造时在镜子表面加入了清浊不同的铜，削平镜面后再在龙形纹中加入铅。"补铸法"的观点对揭示制镜方法有一定意义，但将其作为制作透光镜的唯一方法是不正确的。

清朝科学家郑复光认为，"刮磨法"造成了透光镜"透光"。郑复光赞成沈括的观点，同意"鉴面隐然有迹"是造成透光现象的根本原因，并对沈括的分析作了补充。郑复光认为：铸镜时收缩率不同，镜面出现了凸凹，在太阳光下，平处（即凹处）反射光集中，在小有不平处（即凸处）反射光向别的方向分散，有别于普通的反射光，所以会看到有花纹。而镜面怎么能出现凸凹呢？他认为是由于铸镜时"铜热必伸"造成的，即铜受热后扩张。同时，他还认为制镜要经过"刮""磨"等过程，用刮刀"刮"镜，由于镜子凸凹不平，用力轻重不同，所以必然会有凸凹不平的痕迹。另外，刮磨时"刮多磨少"，最终会有个别的镜体表面不可能完全是平的，镜面仍有微小的凸凹。因此，他肯定"透光"现象是由镜面凸凹引起的。

图 3-1-3

郑复光（1780– 约1853 年）

清代著名科学家。字元甫、瀚香，安徽歙县人。精通数学、物理、机械制造。1846 年撰写《镜镜泠痴》（共 5 卷），集当时中西光学知识之大成。制造了中国最早的一台测天望远镜。另著有《郑元甫札记》（手抄本）、《郑瀚香遗稿》（手抄本）。《安徽通志稿》有传。

中国对透光镜的复原

几千年来，中国各种行业的工匠，发明创造出了很多工艺和产品，但是工匠们吝惜自家的手艺，往往是摸索出一些高超的工艺手段之后，"传男不传女""传内不传外"，导致了许多优秀的工艺技术因此而中断或失传。透光镜也是如此。由于对制造透光镜的绝招"终秘不宣"，透光镜的制作方法没能代代相传。宋以后的铜镜就没有发现有透光的。上海博物馆收藏了上万枚铜镜，发现有透光现象的只有四枚，而且都出现在汉代。

显而易见，历史上制造透光镜的方法应该有很多种，但是无论哪一种方法都需要非常精巧的工艺。1975 年 9 月，上海交通大学盛宗毅教授提出透光镜"铸磨法"，即"铸造成型、研磨透光"，并根据此法成功复制出西汉"透光"铜镜。至此，用科学的方法解释了我国古代透光镜的"透光"原理和透光镜镜面的成型机理。内容主要包括：第一，透光镜在造型上的特点。透光铜镜整体向上凸起，镜子边缘宽而厚，镜体比较薄，有同心圆分布的花纹结构。第二，透光镜内部的铸造残余应力是其能够"透光"的基本要素。第三，透光镜"研磨"环节是其能够"透光"的重要原因。

2001 年，上海交通大学严燕来教授等人首次拍摄出了透光镜表面激光干涉图样，用隔离分析法分析了铜镜内部的铸造残余应力的形成和作用过程。

目前，很多科普场馆在对古代透光镜进行研究的基础上，成批量仿制了古代透光镜，供公众收藏、鉴赏，既丰富了科普场馆的文创产品，又继承和弘扬了中国古代优秀科技文化，可谓一举两得。

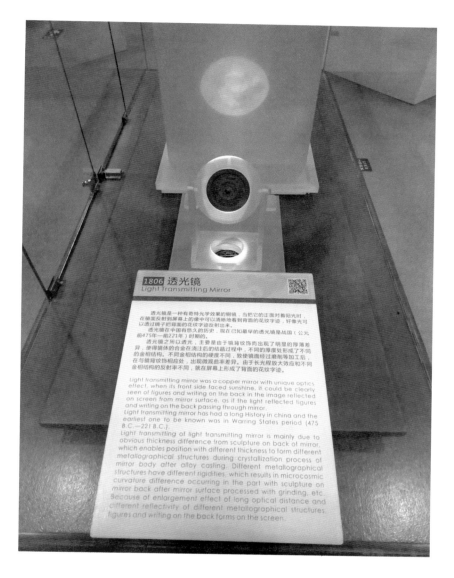

图 3-2-1

透光镜

【中国科技馆】

中国历史文献中的"透光"铜镜

古代人们认为铜镜有辟邪功能，而透光镜更是珍品，以其独特的魅力受到人们的关注。在汉、唐、宋代直到清道光年间，社会上都存在着或流传过透光镜。在上海、河南等地，也曾出土大量的古代透光镜。

成书于隋唐之际的《古镜记》上说：王度的老师侯生临死前赠王度一面古镜，该镜"承日照之，则背上文画墨入影内，纤毫无失"。这是目前所看到的有关铜镜"透光"的最早文字记载。

南宋周密在《癸辛杂识续集》和《云烟过眼录》中都谈到过透光镜，称透光镜为"皆诧为异宝"的神物。他在《云烟过眼录》中讲到，透光镜"映日则背花俱见，凡突起之花，其影皆空"。元代书法家鲜于枢见识了古镜的神奇，写有《麻徵君透光古镜歌》，将古镜透光的情形很形象地描述出来。

清代郑复光在《镜镜詅痴》里谈到，湖州铸造的双喜镜里有透光的，价钱高出一般双喜镜一倍以上，大家都争相购买，当作宝物收藏。

由于铜镜使用久了，镜面会磨损或氧化，照人面容就不清晰，需再进行刮磨抛光，因此社会上出现一些专门的磨镜人。唐代诗人刘禹锡在《磨镜篇》中就有"流尘翳明镜，岁久看如漆，门前负局人，为我一磨拂"的诗句。唐代范摅的笔记小说《云溪友议》记载："有胡生者，家贫，少为磨镜镀丁之业。是皆以磨镜淬镜洗镜为专业，沿街售艺而自给者也。"

在古代小说中，对磨镜人也有不少生动而具体的描述。唐《聂隐娘》中有：

"忽值磨镜少年及门，女曰：'此人可与我为夫。'白父，父不敢不从，遂嫁之。其夫但能淬镜，余无他能。"

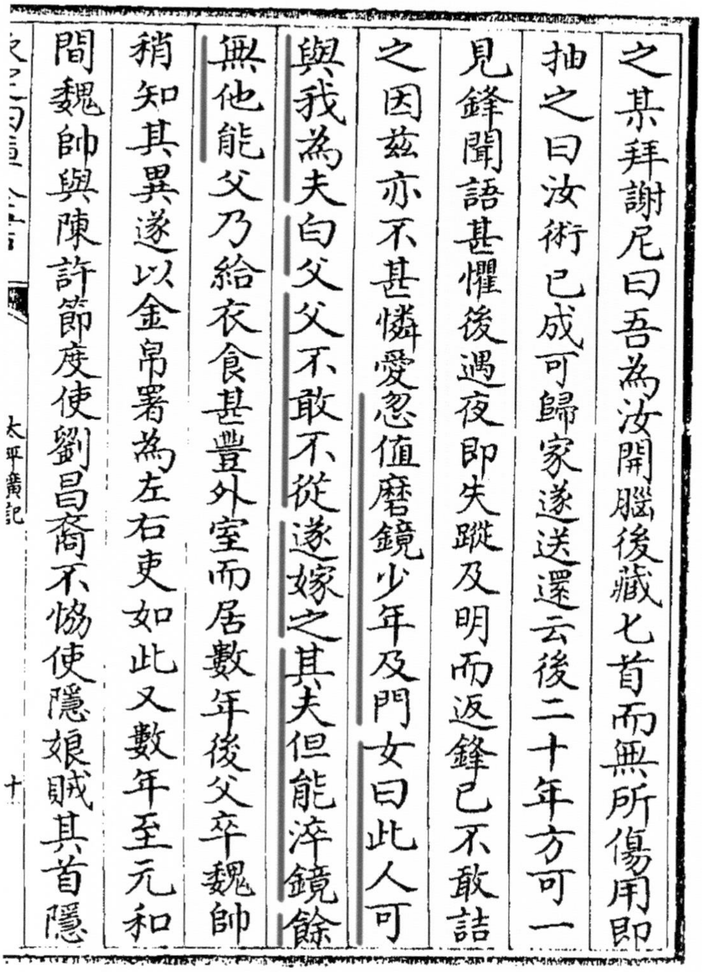

之某拜謝尼曰吾為汝開腦後藏匕首而無所傷用即
抽之日汝術已成可歸家遂送還云後二十年方可一
見鋒聞語甚懼後遇夜即失蹤及明而返鋒已不敢詰
之因茲亦不甚惜愛忽值磨鏡少年及門女曰此人可
與我為夫白父父不敢不從遂嫁之其夫但能淬鏡餘
無他能父乃給衣食甚豐外室而居數年後父卒魏帥
稍知其異遂以金帛署為左右吏如此又數年至元和
間魏帥與陳許節度使劉昌裔不協使隱娘賊其首隱

图 3-3-1

古代小说《聂隐娘》中的磨镜人·《太平广记·卷一百九十四》

相传为明代郭诩所绘的《磨镜图》，更是细致生动地描述了一幅活生生的磨镜、试镜场景。

图 3-3-2

《磨镜图》·【明代】

【中国国家博物馆藏】

说明 画面上共计五人，左侧四人为顾客，右侧一人为磨镜客。磨镜老汉坐于木条凳后端，前端放镜，左脚踩着一条绳子，是为了固定正在磨的铜镜；双手握毡团，在镜面上摩擦。条凳内侧放置一个圆筒，顶部可见装有磨镜药的罐、瓶等器皿。画面左侧四人，坐者与立者各有两人。前坐一老翁、一老妇，神情专注地看着磨镜。后立两少妇，一位揽镜自照，镜中容貌自见；另一位怀抱一面大铜镜，望着照镜女子。

　　磨镜这个古老的职业现在已经消失了。但是，珍贵的历史资料告诉我们，我国古代社会确实有以磨镜为专业的磨镜人。也许正是由于他们走街串巷、沿街售艺，对铜镜进行无数次的再加工，创造了神奇的透光镜。

西方早期对透光镜的认识

至晚从公元六世纪始，中国人有意识地设计和制造透光镜。明代，透光镜传入日本，被日本人称为"魔镜"。1877年，在日本任教的英国化学家阿特钦守认为"魔镜"现象是铜镜在研磨过程中的压力差引起的。1878年，英国人艾尔顿和佩里在日本看到过日本镜匠用刮磨法制作"魔镜"的情形，他们对日本魔镜所作的分析，与我国沈括和郑复光的观点相似。

19世纪，透光镜传入欧洲，引起西方学者的兴趣。欧洲首位知道透光镜的是英国学者普林赛泊。1832年，普林赛泊在印度的加尔各答偶然看到了透光镜，特意在《亚洲学会》杂志上作了介绍。1844年，法国天文学家阿拉果送给法国科学院一面透光镜，引起了欧洲科学界的热烈讨论。各种观点中，英国物理学家布鲁斯特认为是金属密度的不同造成铜镜能够"透光"。这一观点与元朝吾衍所持的"补铸法"观点不谋而合。1880年，法国物理学家佩松认为，是铸造应力和刮磨差异使透光镜产生了"透光"效应。1932年，英国物理学家布拉格在《光的世界》中专门介绍了透光镜的透光原理。

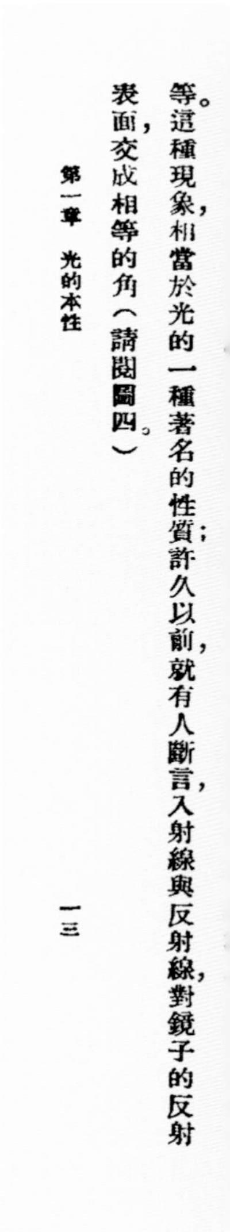

图 3-4-1

布拉格介绍透光镜的透光原理 · 《光的世界》

等這種現象相當於光的一種著名的性質，許久以前，就有人斷言入射線與反射線對鏡子的反射表面交成相等的角（請閱圖四。）

一三

在這一點上面我們最好要把正在應用中的兩個名詞，就是「射線」與「列波」加以考究，明其關係。我們用「射線」一名詞來描寫下面這一類的光線，例如從百葉窗的小孔中漏入暗室的太陽光威功亮晶晶一條軸棒形狀的便是。這一道光也可以想像它是一串列波：不過要在間闊裏而準確地表現此項觀念，是一件不可能的事情。前後相繼的波勢必在闊裏面畫許多平行線，假使所表示的，要教它更確無誤，那麼這些平行線應當畫得可以指明每英寸內有波四千罐然在考究此種間發的時候，卻使我們觀察到另一要點要劃分波的界限，在實際上並不能盡一條相當於「射線」界限的直線，通過各波，把它們分得如此清楚的。我們應當曉得它們要向兩邊闊漫佈以致邊緣模糊不清。讀者須知，此串就光線而論確然發現，而且這種效應，在理論方面極為重要，我們往後就會知道在實際上說來這種效應很小大概可以不

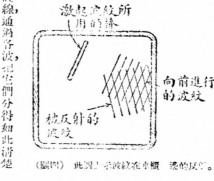

（圖四）此圖上示波紋在水櫃一邊的反射。

雜的加以研究，且喜在研究的時候，已有佳妙的學說足供我們的應用，我們或許自始至終知道我們正要把較難的事情留待後來的考究，不過這也沒有什麼害處。我們一路講下去的時候，若先注意簡單的事實，並且力圖用那至少在某範圍內準確的學說來表明這些事實保證不容費我們的時間，那麼我們也可以自慰了。

反射

上面不是說過，當我們注視水櫃中的波紋，在水面上移動的時候立即觀察到兩種事實麼？第

之無它矣二物誠絕代之珍也爰蓋見之范蜀

公記載矣

第四章

PART 4

喷水鱼洗

李约瑟博士抗战期间在重庆参观过鱼洗，1958年再次特地到重庆博物馆研究鱼洗。1956年英国、法国代表团访华时，在杭州参观了喷水鱼洗，回国后还在访华报告中作了叙述。看来，鱼洗的喷水现象对人有很大的吸引力。

喷水鱼洗集日用盥洗、玩耍和保健于一体，蕴含着精湛的工艺技术，在实际效果上使人产生一种错觉，以为是洗底的鱼（或龙）搅动水浪，从而供人们欣赏娱乐和丰富自己的想象。"喷水鱼洗"这个词，并不是妇孺皆知，有必要解释一下。"洗"在古代不仅是一个动词，它还是一个名词，指一种盛水、洗涤的盆形器皿，用途就和现在的面盆差不多。"鱼洗"是由青铜浇铸成的薄壁器皿，形似洗脸盆。底是扁平的，其内底大多刻有四条鲤鱼，鱼嘴处的喷水装饰线从盆底沿盆壁辐射而上，盆壁自然倾斜外翻；盆沿左右各有一个把柄，称为双耳。在鱼洗盆中放入适量水，将双手用肥皂洗干净，然后去摩擦鱼洗双耳的顶部。随着双手的摩擦，水珠从鱼洗四个部位喷出。继续用手摩擦鱼洗双耳，就会使水花喷溅得很高，就像鱼喷水一样有趣。在喷水的同时，鱼洗还会发出嗡嗡的声音。

扫码观看
鱼洗演示视频

图 4-0-1

鱼洗

历史文献中的鱼洗

鱼洗始现于汉代，距今大约有两千多年。迄今尚未见到有资料可以证明，在汉代以前发现鱼洗的喷水现象。另一方面，在已发现的汉洗或周洗中，都没有双耳这一结构部件，这与后世的喷水鱼洗形制差异很大。当然，技术高超的人用手摩擦没有两耳的洗，也能使水面呈现规则水流，甚至喷出水花。但这毕竟是熟知鱼洗喷水现象以后的刻意钻研所致，在汉代或汉代以前，人们恐怕很难想到这一点。

汉洗，也有用鱼来做装饰的。北宋王黼（1079—1126年）在《博古图》卷二十一中就曾描述过汉代的一个双鱼洗，并对古人之所以用鱼做装饰做过解释，该洗"中饰以二鱼，笔画不繁缛而简古，真汉物也。且鱼与水相须之物，于是洗皆旌以鱼，又汉之姜诗尝有双鲤之祥，当时颇高其行，得非用为雅制耶？"可见，汉洗上刻饰以鱼，主要起装饰作用，与喷水功能没有关系。但是，后来喷水鱼洗上刻画的鱼首与摩擦两耳时所喷水柱吻合，这显然是古人熟知鱼洗的摩擦喷水现象并经过周密观察后的刻意所为，不再仅仅起装饰作用了。此类实物的出现，是古人发现鱼洗喷水现象的重要依据。顺便指出，这段文字为我们揭示了鱼洗为什么画鱼的古代哲理。

关于喷水鱼洗的最早文字记录，见于北宋何薳（1077—1145年）所写的《春渚纪闻》，以及南宋王明清（1127—1202年）所写的《挥麈前录》。

《春渚纪闻·卷九》引述《虏庭杂记》，提到了石重贵向辽主进献的那个鱼盆，但说它是木制的：

> "鱼盆则一木素盆也，方圆二尺，中有木纹，成二鱼状，鳞鬣毕具，长五寸许。若贮水用，则双鱼隐然涌起，顷之，遂成真鱼；覆水，则宛然木纹之鱼也。至今句容人铸铜为洗，名双鱼者，用其遗制也。"

立召與相見帝因以金盆魚為獻金盆半猶是磁云

是唐明皇令道士葉法靜冶化金藥成點磁盆試之者

魚盆則一木素盆也方圓二尺中有木紋成二魚狀鱗

鬣畢具長五寸許若貯水用則雙魚隱然湧起頃之遂

成真魚覆水則宛然木紋之魚也至今句容人鑄銅為

洗名雙魚者用其遺製也

銅蟾自滴

古銅蟾蜍章申公研滴也每注水滿中置蜍研亥不假

图 4-1-1

何薳关于喷水鱼洗的文字记录 · 《钦定四库全书 · 春渚纪闻 · 卷九》

"隐然涌起"，似指在刚开始摩擦时水纹涌现的情形；"遂成真鱼"，则应指摩擦到一定程度时，水柱喷出，就像水中真有鱼在喷水一样。这非常符合喷水鱼洗的喷水现象。但是引文中所说的"木盆"，应为误记，因为木盆很难有因震动而喷水的效果，而且传世的实物也确实没有木制的。

《挥麈前录》卷三也提到后晋石重贵向辽朝进献的两件宝物，其中有瓷盆一枚，

"画双鲤存焉，水满则跳跃如生，覆之无它矣"。

需要指出的是，王明清记载的"瓷盆"可能是"铜盆"之误。

▶

图 4-1-2

王明清关于鱼洗的文字记录 · 《挥麈前录 · 卷三》

袍北向謝恩笠非它曰眡司戶之徵乎後十年
果登庸既爲蔡元長所擠從居衡陽巳而就降
廉州司戶參軍敕到取幼子緋朝服以拜命果
符前夢十郎即緋排行也

韓似夫與先子言項使金國見虜主所繫犀帶倒
透中正透如圓鏡狀光彩絢目似夫注視久之
虜主曰此石晉少主歸獻耶律氏者唐世所寶
曰月帶也又命取磁盆一枚亦似夫云此亦石
主所獻中有蓋雙鯉存焉水滿則跳躍如生覆
之無它矣二物誠絕代之珍也盆盎見之范蜀
公記事矣

建隆遺事世稱王元之所述其間帥多誣蔑之詞
至於稱趙普盧多遜受遺昌陵尤爲舛繆案國
史韓王以開寶六年八月免相至太平興國六
年九月始再秉鈞當太祖升退時政在外何
緣前一日與盧丞相同見于寢耶稱太祖長子
德昭爲南陽王又誤矣初未嘗有此封元之當
時近臣又秉史筆笠不詳知且載秦王傳中云

以上两条所记当为同一物件。这里需要强调的是，引文中提到，"至今句容人铸铜为洗，名双鱼者，用其遗制也"。它明确指出了喷水铜洗的起源。何薳生活于北宋末年，那时江苏句容一带已有人能制造喷水的铜质鱼洗，其源起正是后晋出帝的瓷鱼盆。它的名称最初称为盆，后来才叫铜洗或双鱼铜洗。再后来由刻画双鱼发展成刻画四条鱼，这表明人们对鱼洗振动的认识加深了。因为喷水鱼洗最基本的是喷起四道水柱，四条鱼配四道水柱，构思巧妙，富有艺术美形式。

应该指出的是，类似喷水鱼洗的器皿，在我国少数民族地区也曾被发现过。清末民初徐珂（1869-1928 年）编成《清稗类钞》一书，其中有一条名为"李子明藏古苗王铜锅"，原文如下：

"古州城外河街，有陈顺昌者，以钱二千向苗人购一古铜锅，重十余斤。贮冷水于中，摩其两耳，即发声如风琴、如芦笙、如吹牛角，其声嘹亮，可闻里余。锅中冷水即起细沫如沸水，溅跳甚高。水面四围成八角形，中心不动。传闻为古代苗王遗物。锅上大下小，遍体青绿，两耳有鱼形纹。后归李子明。"

这段话记述了该器物的形制：外形类似一个平底锅，重10多斤，上大下小，两耳有鱼形纹；还说明了其声学性能："摩其两耳，即发声如风琴、如芦笙、如吹牛角，其声嘹亮，可闻里余。"把该器物喷水性能与声学效果相联系，这是以前文献所没有过的。暂且不论是否有夸张成分，"可闻里余"说明该铜锅声学性能良好。声音嘹亮说明它的振动性能好，振动性能好则喷水功能强。引文接下去对铜锅喷水性能的描写，就证明了这一点。"水面四围成八角形，中心不动"，表明作者看到的该铜锅的振动模式是八节线振动。

尤其引人注意的是，这段话明确提到该铜锅是得自于苗人。"传闻为古代苗王遗物"，表明苗族同胞对该铜锅的珍重；"遍体青绿"，说明其传世时间之久。我们常说一个民族有一个民族的智慧。苗族同胞在很久以前就制造出了具有如此良好喷水性能的铜锅，这是值得一提的。如果不拘泥于谁先发明了喷水鱼洗，至少这个铜锅提供了有力的例证，表现出我国的少数民族所具有的非凡的智慧，也可能独立发明了鱼洗。

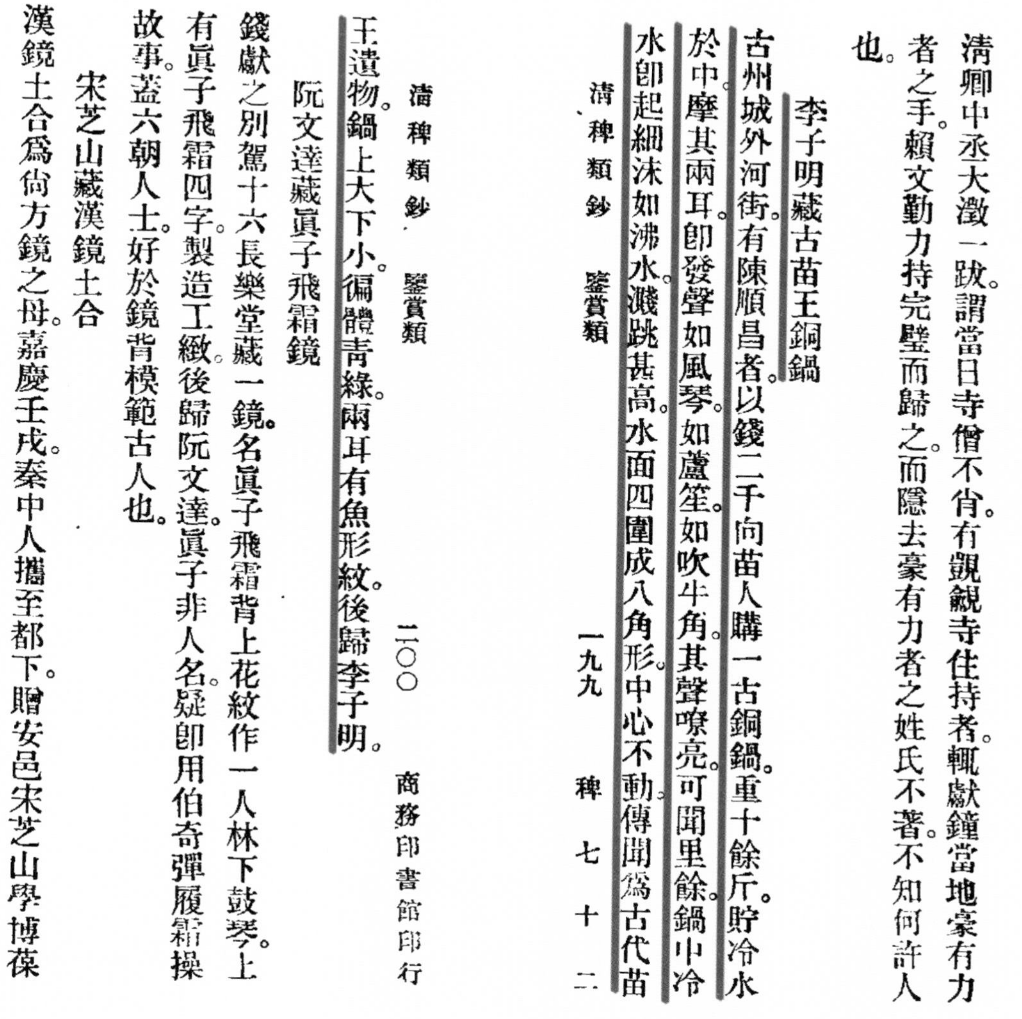
清卿中丞大澂一跋。謂當日寺僧不肖。有覬覦寺住持者。輒獻鐘當地豪有力者之手。賴文勤力持完璧而歸之。而隱去豪有力者之姓氏不著。不知何許人也。

李子明藏古苗王銅鍋

古州城外河街。有陳順昌者以錢二千向苗人購一古銅鍋。重十餘斤。貯冷水於中。摩其兩耳。卽發聲如風琴。如蘆笙。如吹牛角。其聲嘹亮。可聞里餘。鍋中冷水卽起細沫如沸水。濺跳甚高。水面四圍成八角形。中心不動。傳聞爲古代苗

清稗類鈔 鑒賞類 一九九 稗七十二

清稗類鈔 鑒賞類 二〇〇 商務印書館印行

王遺物。鍋上大下小。偏體青綠。兩耳有魚形紋。後歸李子明。

阮文達藏眞子飛霜鏡

錢獻之別駕十六長樂堂藏一鏡。名眞子飛霜。背上花紋作一人林下鼓琴。上有眞子飛霜四字。製造工緻。後歸阮文達。眞子非人名。疑卽用伯奇彈履霜操故事。蓋六朝人士。好於鏡背模範古人也。

宋芝山藏漢鏡土合

漢鏡土合爲尙方鏡之母。嘉慶壬戌。秦中人攜至都下。贈安邑宋芝山學博葆

图 4-1-3

“李子明藏古苗王铜锅” · 《清稗类钞 · 鉴赏类（上）》

操作鱼洗时的注意事项

操作过程中注意以下因素，将会使鱼洗的喷水现象比较明显。

第一个因素：手掌和洗耳打湿其中一个。湿手在来回搓动时较为平滑。干手搓动常常出现停顿，并引起鱼洗的整体移动，从而不能达到连续一致的搓动，导致不能出现明显的喷水现象。所以打湿手掌或洗耳是必要的步骤。如果手上涂有护手霜之类的油脂的话，则很难搓出水花，这是因为摩擦力太小。

第二个因素：搓动的位置。均匀摩擦鱼洗"双耳"的上部、左部、右部时，均能出现明显振动。用手指、手掌搓动，也可搓出水花。由于手掌中后部较平，故搓动时接触面较大，能得到较大的摩擦力。对科技馆的普通观众来说，应该用手掌搓动，并且从洗耳的前部往后部搓动，尽量增长在洗耳上搓动的长度，使原有的频率稳定，并给洗以较多的能量，才容易成功。

第三个因素：搓动的方式。效果较为明显的是双手同向搓动。以下几种搓动方式：双手反向搓动、两人双手搓动（可不同向）、单手搓动，稍不协调，就会导致鱼洗移动，使效果不明显。为防止鱼洗移动，我们可将鱼洗装入盛有细沙的盆内，用沙对鱼洗底部加以固定，就可明显改善实验效果。盆底垫一块棉毯，其效果也非常好。统计观众的操作发现：双手同向搓动，搓出的水花较高。这是因为此种方式较易做到双手协调同步。

第四个因素：搓动的频率和力度。经过实验发现：观众第一次搓动时，频率较快，力度不当。放慢搓动速度，才能更好地产生水波和水花。

其实，我们在自己家里就可以模拟鱼洗喷水实验。凡是厚薄均匀、弹性较好、直径适当的薄圆形盆器，都可通过手掌对它的摩擦产生喷水现象。心动不如行动，读者朋友赶快试一下！

方法 1：两个塑料水盆，一大一小，大的外形像最普通的脸盆，侧面略鼓。小的外形像鱼洗，侧面近乎直上直下。实验过程中，小盆的水花效果十分明显，四角喷水，效果可以和鱼洗相媲美。大盆效果不好，总是出现一圈一圈的波纹，偶尔能飞溅一次，也不明显。

方法 2：两个陶瓷碗，一大一小，在里面装上大半碗水。为看清楚水的振动，可以加些红醋或红酒。在陶瓷碗下，垫上块湿布。小的陶瓷碗，摩擦时容易晃动，故效果不明显。

方法 3：手指摩擦盛有水的高脚玻璃杯，可以使杯子内水面出现驻波。

鱼洗喷水物理原理的探讨

物体在周期性外力作用下发生受迫振动，当外力频率与物体的固有频率一致时，物体不断吸收能量而引起共振。鱼洗喷水，乍一看，最容易与共振现象联系在一起。再一想，不对头，双手摩擦双耳，有何频率可言？其实，鱼洗的物理原理可以分为三个过程：

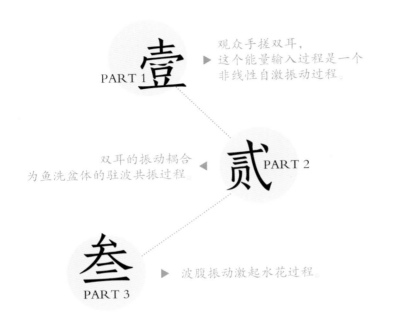

壹 PART 1 ▶ 观众手搓双耳，这个能量输入过程是一个非线性自激振动过程。

双耳的振动耦合为鱼洗盆体的驻波共振过程。 ◀ 贰 PART 2

叁 PART 3 ▶ 波腹振动激起水花过程。

（1）观众手搓双耳，这个能量输入过程是一个非线性自激振动过程。人手与双耳上表面接触处产生滑动摩擦力，而鱼洗下表面与桌面接触处可以认为无摩擦，人手的单方向运动会使双耳产生振动。该滑动摩擦力有时做正功，有时做负功，在一个振动周期内，所做的正负功相消可以维持双耳的振动。因此，该过程实质上是单向力激起双耳振动的过程。

图 4-4-1

观众手搓双耳产生振动

　　所以，用手掌摩擦双耳，应该是摩擦引起的激励振动。类似于敲击钟体或用琴弓拉弦的发声过程，外来驱动力虽无频率可言，但只要有能量输入，钟或琴就以其固有的振动模式振动而发声了。同理，外界通过摩擦双耳将能量输入鱼洗，就能激发洗体，以其固有频率振动。或从力的角度看，摩擦双耳造成洗与耳交接处材料的形变，洗壁为金属弹性材料，形变必然要恢复，恢复的方式是以鱼洗固有的频率振动。

（2）**双耳的振动耦合为鱼洗盆体的驻波共振过程。**两个双耳安置于盆内侧面的对称两侧，它们的振动可以耦合为整个盆体的驻波共振，这种驻波属于横驻波。所以，沿鱼洗侧壁的二维驻波是鱼洗喷水的原动力！一旦摩擦双耳激发起侧壁二维驻波的某些本征振型，鱼洗就会发出嗡鸣声，喷水的条件就已经具备。

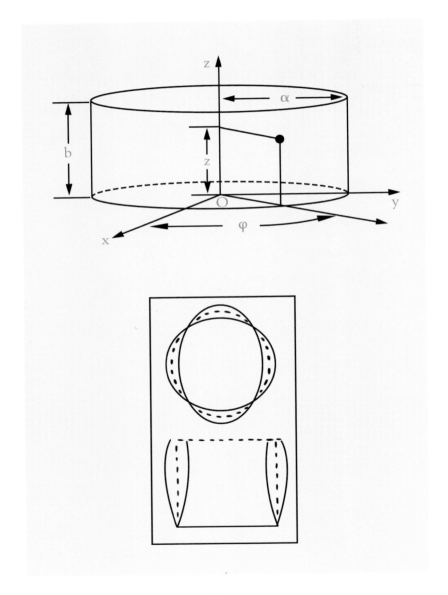

图 4-4-2

模型的驻波示意图

将其简化为圆柱模型，可将圆柱壳的振动看作是无穷多个环形驻波沿竖直方向摞叠，只是不同高度上环形驻波的振幅不相同，从固定的底边开始逐渐增大，直至口沿下某一高度出现最大振幅，在口沿处，振幅又略有减小。

扫码观看

▷ 弦驻波演示仪·中国石油大学物理系杨振清 提供

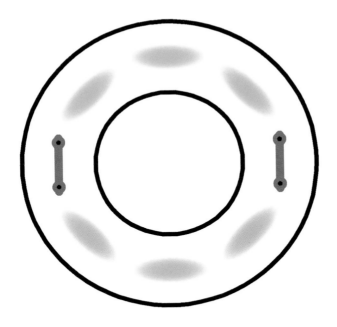

图 4-4-3

共振的圆环驻波数 · 中国石油大学物理系杨振清 供图

　　由于鱼洗是圆台状，最大振幅出现在由口沿稍下的某一高度，该位置应当预示着鱼洗水线的位置，注水至该高度才能得到鱼洗喷水的最佳效果！

　　（3）波腹振动激起水花过程。 在波腹处，盆体振动最剧烈，该振动迅速传导至水面，水的振动动能不仅可能突破水的表面张力势能极限值，还有可能克服重力势能继续向更高处运动，这样就能喷射很高的水花，甚至可以达到约半米的高度。

防范鱼洗被当作迷信工具

在科学不发达的古代，人们认为众多鱼洗之声汇成千军万马之势，传数十里，可作为退兵之器，使敌兵闻声却步。鱼洗还被用来测试人们对寺庙神灵的诚心度。信众焚香后，跪到注了水的鱼洗前，用双手摩擦洗耳，如果足够虔诚，水就会从鱼儿的口中喷上来。其实鱼洗喷水跟诚心与否并无关系，只要我们掌握了摩擦的技巧，谁都可以让鱼洗喷水。现在我们已经掌握了喷水鱼洗的科学原理，喷水鱼洗复制已经成功，并可批量生产。

图 4-5-1

鱼洗

【中国科技馆】

基于弘扬灿烂的古代文化和保护文物遗产的双重考虑，不少旅游景点、博物馆、科技馆都有仿古制作的鱼洗，为游人玩赏提供方便的同时，也获得了一定的经济利益。

令人悲哀的是，在有的地方，鱼洗仍然被一些人当作迷信工具。在旅游景点，经常可以看到诸如此类的广告，上书："科学仪器，测试手气。"同时还可能有人在旁吆喝："来来来，测手气，看运气。手气好，起水柱，喷水珠，搓麻将，包您赢。"2002 年 6 月 29 日发布的《中华人民共和国科学技术普及法》第六、第八条明确规定："国家支持社会力量兴办科普事业。社会力量兴办科普事业可以按照市场机制运行。""科普工作应当坚持科学精神，反对和抵制伪科学。任何单位和个人不得以科普为名从事有损社会公共利益的活动。"

上述事例，小而言之，是商人见钱眼开，为了金钱，不择手段，打着"科学"的幌子，利用人们科技知识的不足和赌博心理，愚弄游客，趁机骗钱。大而言之，则是这些人歪曲科学，制造迷信说法，煽动赌博，有害社会风气。其实，我们可以而且应该引导商家，在说明鱼洗喷水科学原理的同时，指导游客亲自动手操作，体验一下其中的奥妙之处。当然，在社会主义市场经济条件下，收取一定的费用，既合情又合理。这样商家在赢利的同时，又普及了科学知识，弘扬了科学精神，何乐而不为？

　　我国古代文明、科学技术以四大发明为代表，对人类文明做出了伟大贡献。培根曾指出：印刷术、火药和指南针"已经改变了世界的面貌"。其实，正如李约瑟所言，中国"在 3 世纪到 13 世纪之间保持了一个令西方望尘莫及的科学知识水平"，现代西方世界所应用的许多发明都来自中国，中国是一个发明的国度。但是，在中国古代科学的发展当中，的确很少有人超脱实际应用的目的，而对自然界基本规律的系统进行深入的研究。火药主要用来放鞭炮而不是作战，指南针主要用来看风水而不是航海。中国古代鱼洗，也只停留在供人们欣赏的水平，没有上升到科学理论的高度。近代"声学之父"克拉尼（1756-1827 年）在研究金属板振动时，在板上撒了一薄层细砂，他据此画下了"克拉尼砂图"。可惜，他没有看见中国的喷水鱼洗表演。否则，他可能会以此画下壳体振动的"水图"。

　　今天，我们在发展先进科学技术的时候，不能再停留在现象层面，要把经验上升为理论。为此，一是增强自信，不宜妄自菲薄；二是以开放的心态，实行"拿来主义"，积极学习先进的科学技术。唯有如此，我们才能在世界科学的舞台上扮演重要的角色。

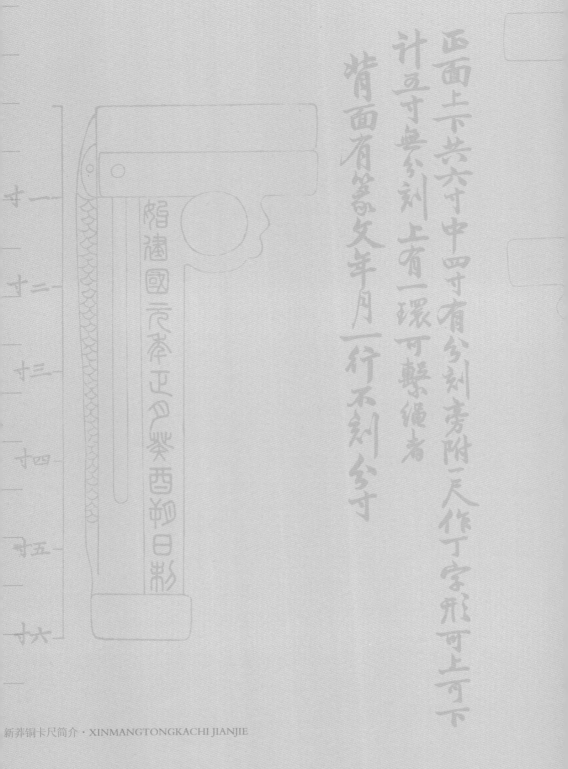

正面上下共六寸中四寸有分刻旁附一尺作丁字形可上可下

计五寸无分刻上有一环可繫 编者

背面有篆文年月一行不刻分寸

十一 十二 十三 十四 十五 十六

始建国元年癸酉朔日制

新莽铜卡尺简介 · XINMANGTONGKACHI JIANJIE

中国文献记载中的新莽铜卡尺 · ZHONGGUO WENXIAN JIZAIZHONG DE XINMANGTONGKACHI

中国传统的长度单位 · ZHONGGUO CHUANTONG DE CHANGDU DANWEI

成功的度量衡改革 · CHENGGONG DE DULIANGHENG GAIGE

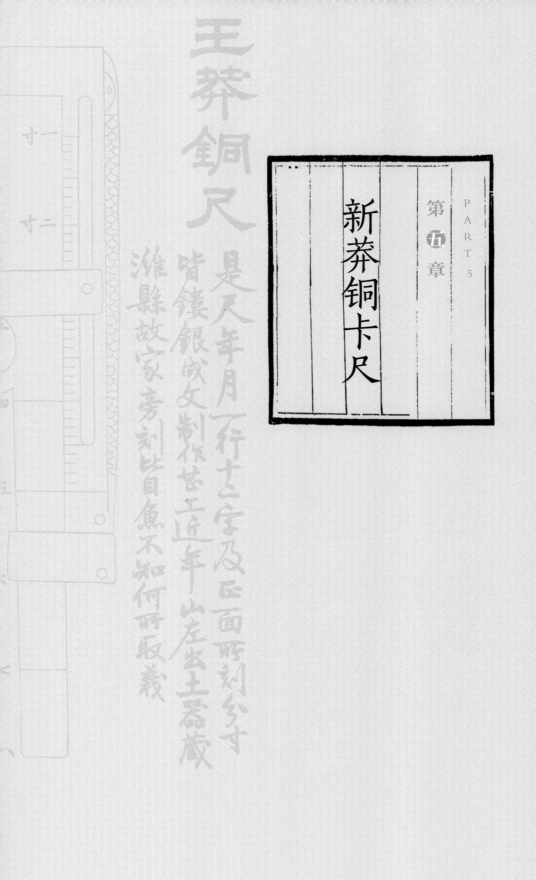

王莽銅尺

是天年月一行十二字及正面所刻分寸

咭錢銀成文剥作苖王近年山左出土器藏

濰縣故家旁刻皆魚不知何所取義

古代早期测量长度是用木杆或绳子。有的时候，也用"迈步""布手"的方法。它们的发展进步就出现了刻线直尺。于是又有了精确的长度的单位。我国夏商时代就开始使用刻线直尺。当时的刻线直尺还是用象牙或玉石制成的。随着生产的发展，青铜的刻线直尺就比较多地用于生产和天文测量中了。除了尺之外，古代中国人还发明了圆规、矩尺，用它们来测绘圆和角度。在手工生产中，要提高生产效率，人们就必须创造更好的量具。

中国汉代科学技术发达，发明了大量的领先当时世界的仪器和器具。浑天仪、地动仪、弩机等发明中，有很多圆形或轴类零件。在当时的条件下，肯定使用了比刻线直尺更先进的量具，才能生产出这些仪器和设备来。于是，用途广、使用方便、精确度比较高而经常使用的卡尺出现了

图 5-0-1

卡尺

目前，新莽时期（9-25年）铜卡尺发现了3件。一件出土于江苏省邗江市东汉墓葬，由于锈蚀严重，文字和刻线都已经磨灭，很难辨认。另外两件分别藏于中国国家博物馆和北京艺术博物馆。

图 5-1-1

新莽卡尺（复制品）·【汉代】·中国计量科学研究院范富有 供图

新莽铜卡尺的形状类似于钥匙或兵器。它由固定尺和活动尺两部分组成。二尺上端均有矩形的量爪，正面有寸格。活动尺的量爪与尺相连的地方有引环，可牵引使活动尺上下滑动。测量时，牵引引环，将被测物体置于两卡爪间，移动活动尺把物体卡紧，以活动卡爪外侧为准线，就可以在固定尺面上得到读数。

国家博物馆收藏的新莽铜卡尺一面阴刻有铭文："始建国元年正月癸酉朔日制。"固定尺刻四寸，每寸刻十分，长 9.964 厘米，折合一尺约 24.9 厘米。活动尺刻五寸，未刻分，长 12.38 厘米，折合一尺约 24.8 厘米。分度线均为阴刻。固定尺上部有鱼形柄，鱼为片甲状鳞，中间开一道槽，以便副尺游动。两爪相并时，固定尺与活动尺等长。该尺制作于始建国元年（公元 9 年）。

北京艺术博物馆收藏的卡尺与国家博物馆收藏的卡尺铭文内容相同。尺背面有镂银的分寸线纹，固定尺鱼形柄的鱼为乳丁状鳞。固定尺刻四寸五分，分度四十五分，首端半寸有分度线纹，便于测量直径小于半寸的器物时直接读数，末端半寸无线纹。固定尺上四寸长 9.3 厘米，折合一尺为 23.25 厘米。活动尺刻五个寸格，尾部一条刻度线至末端余 0.2 厘米，尺全长 11.55 厘米，以此作为五寸，则折合一尺为 23.1 厘米。根据铭文字体、镂银线纹及每尺的实际量值来看，北京艺术博物馆收藏的卡尺比国家博物馆收藏的卡尺更为精准。

图 5-1-2

新莽卡尺及阴刻铭文局部图 ·【汉代】

【北京艺术博物馆 藏】

中国文献记载中的新莽铜卡尺

清末吴大澂（1835-1902年）的《权衡度量实验考》最早记载了新莽铜卡尺。后来诸家"著录"中都有记述。

《权衡度量实验考》记载：

"是尺年月一行十二字，及正面所刻分寸皆镂银成文，制作甚工。近年山左出土，器藏潍县故家。旁刻比目鱼，不知何所取义。正面上下共六寸，中四寸有分刻，旁附一尺作丁字形，可上可下，计五寸无分刻，上有一环可系绳者，背面有篆文年月一行，不刻分寸。"

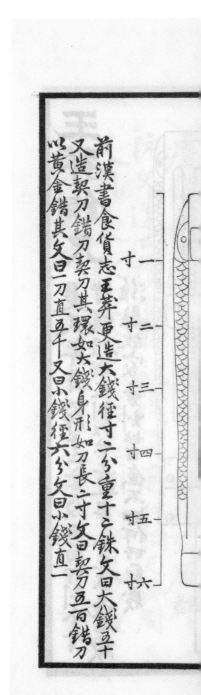

图 5-2-1

新莽铜卡尺 ·《权衡度量实验考·一卷》·【清代】

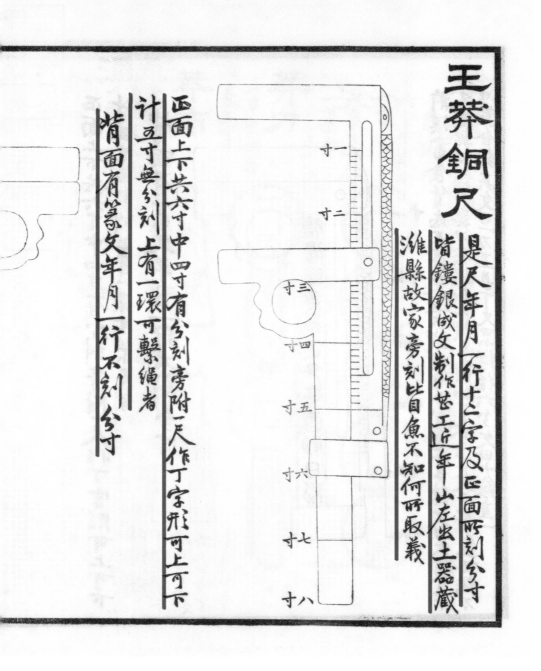

王莽銅尺

是尺年月一行十二字及正面所刻分寸

皆鏤銀成文製作甚工近年山左出土器藏

濰縣故家旁刻比目魚不知何所取義

一寸

二寸

三寸

四寸

五寸

六寸

七寸

八寸

正面上下共六寸中四寸有分刻旁附一尺作丁字形可上可下

計五寸無分刻上有一環可繫繩者

背面有篆文年月一行不刻分寸

另外，容庚《汉金文录》卷三中著录有 4 件新莽卡尺，均有年月十二字刻铭。罗振玉《俑庐日札》《贞松堂集古遗文》，柯昌济《金文分域编》卷十二，均有关于新莽铜卡尺的记载。

▶

图 5-2-2

新莽卡尺 · 《汉金文录 · 卷三》

新始建國尺

始建國銅尺有闊壯可用盧其魚鑰于吳敦齋大令而得拓寄

康生視家太史鑒定 壬辰孟冬六日仲龕手志

廣金文象 一卷一 〇一

中国传统的长度单位

在科学技术领域，许多新发现、新发明往往是以测量技术的发展为基础。在生产和生活活动中，新工艺、新设备的产生，也依赖测量技术的发展。无论是科学实验还是在生产生活过程中，一旦离开了测量，必然会产生许多不便。

中国传统的长度单位，有里、丈、尺、寸、寻、仞、扶、咫、跬、步、常、矢、筵、几、轨、雉、毫、厘、分等。新莽铜卡尺是我国古代一项重要的发明，它既可以测量长度，也可以测量直径和深度。与现代游标卡尺应用微分原理读取数据相比，新莽铜卡尺只能借助指示线，靠目测估出长度单位"分"以下的数据。但是，总体而言，新莽铜卡尺的原理、性能、用途和结构与现代游标卡尺已经非常相似了，可以说新莽铜卡尺就是原始的游标卡尺。

　　公元9年，王莽建立了新朝，改国号为"新"。王莽立意改革，但多项政治改革均以失败告终。科技要发展，计量需先行，这是历史的经验。唯有王莽在度量衡方面的改革颇为成功，在我国历史上产生了深远影响。

图 5-4-1

王莽 · 【西汉】

第六章

PART 6

乐律学

乐律学是研究乐音的数理规律的学科。它是随着音乐的兴起而诞生的。一般来说，"乐律学"包含"乐学"和"律学"两部分。本书所谓"乐律学"特指音乐中的律学问题，以示区别"音律学"即语音中的"律学"。

音乐中的律学问题，即音乐中调律的问题。乐律可分为"五度律"、"纯律"或自然律、等程律等多种律制。我们简单地介绍五度律和等程律。五度律又称为三分损益律。在初始音（或称基音）弦长确定后，以其2/3或者4/3的弦长确定五度音高，以五度定音高，适合听觉。

五度律及其发展

早在先秦时期，中国人对乐律及其所依托的思想观念就有一些独到的见解。先秦时期，《管子·地员》最早记述了"三分损益率"的文字，这是世界上出现的最早的已成体系的音律。《史记·律书》将其概述为"以下生者，倍其实，三其法。以上生者，四其实，三其法。"前句可以写为2/3，后句可以写为4/3。从给定的起始律的弦长出发，以三分损益法不仅可以计算出八度内十三个音（即十二律，八度是起始音高的2倍），还可以继续计算下去，直到算出八度内60个律，甚至于三百六十律。

汉代京房（前77—前37年）按照《管子》提出的三分损益法，将十二律推演到了六十律。"京房六十律"，其律数最早载于晋朝司马彪（？—约306年）撰《续汉书》"八志"之一的《律历志》。京房，字君明，本姓李，"推律定姓为京氏"。他一生都生活在汉元帝时期，易学和律学是他治学成就最高的两个方面。京房在科学史上也有其他贡献，如较早观察太阳，描写日珥、日冕。他对日蚀与地震的关系也有认识。在易学方面，京房学于孟喜门人焦延寿，创立了"京氏易学"。他"长于灾变，分六十四卦，更直日用事，以风雨寒温为候，各有占验。房用之尤精。好钟律，知音声"。京房按阴阳五行的理论，将干支、历法、十二律等都与八卦建立起对应关系，形成一个哲学体系。京房还发现了以管定律的缺陷，即竹管内径大小不一，计算很难准确，提出了"竹声不可以度调"的看法。为此，京房提出以弦代管来定律的主张。在弦上定音可直接把律数作为弦长的比值，无须再考虑"管口校正"。他制作了一个十三弦的"准"（称作"京房准"），用以标记"六十律"。京房和其后的万宝常、祖孝孙等人都曾在这方面做出贡献，他们的理论计算为后来乐律学的发展提供了思路。

钱乐之，生卒年不详，曾任南朝宋的太史，是我国南朝著名的天文学家、律历学家。据《隋书·律历志》记载，刘宋元嘉年间（424—453年），钱乐之以《淮南子》"三百六十音，以当一岁之日"思想为本，在京房六十律的基础上继续以三分损益法生律，推演出中国律学史上著名的"三百六十律"。钱乐之演算出三百六十律，企望达到用三百六十律应360日，使一日能应一律。"三百六十律"在数目上是"京房六十律"的六倍，故将十二律分割得更细。"三百六十律"以三分损益法为基础，将一个纯八度划分成区间不等的360份。在359次生律过程中，钱乐之极力缩小三分损益法生还黄钟本律的音差，得到了两律间更为微小的音差，将其命名为"一日"，现代律学称之为"钱氏音差"。这一音程值的发现，体现出钱乐之在律学计算及"黄钟还原"问题上的可贵探索。

　　汉代以来，刘宋时期何承天（370—447年）、隋代刘焯（544—610年）提出的律学思路，对后来十二等程律的建立有一定的启示作用。

何承天（370—447 年）精通历数，博通经史，兼通音律，是南朝文学家、史学家、无神论思想家、音律学家和天文学家。何承天五岁丧父，由叔父抚养。母亲徐氏，出身于书香之家，而且聪明博学。在母亲和舅舅的教导下，何承天自幼便钻研天文历法，在很多方面都学有所成。

图 6-2-1

何承天·【南朝】

何承天一生涉猎广泛，著作丰富，和裴松之、荀伯之、傅隆以博学并名于世。何承天是无神论者。南朝时期佛教盛行，但何承天大胆地举起反对旗帜，批驳崇神谬说，对佛教的"因果报应"和"形散神不灭"思想曾做过激烈的批判。他撰写了《达性论》《答宗居士书》《报应问》等文。

何承天是一位卓有成就的天文学家。他继承了徐广40多年观察天象的成果，又亲自观测了40多年，并将观测的结果，作了详细记录。元嘉二十年（443年），何承天向朝廷奏上自己创制的历法，即《元嘉历》。《元嘉历》传到日本后，被日本颁布实施长达九十多年。何承天创立"调日法"，提出"岁差"理论，阐述"浑天论"思想。"调日法"对我国古代天文学和数学的发展都有极大的意义。他不仅提出全新的"岁差"理论，还计算出新的岁差值。他的"浑天论"思想是我国古代天体学发展中的一种重要观点，突破了"盖天说"的直觉桎梏，这和前代天文学家以及当时普遍认同的天体思想有着极大的不同。这些成就对我国古代的天文学发展起到巨大的推动作用，具有深远的影响和意义。

何承天为官期间创作了大量的政论文，其中最著名的是《安边论》，史家称赞为"博而笃矣"。《安边论》中提出了"安边固守"的主张，其言外之意是反对用战争作为解决边境争端的手段，主张采用怀柔政策来对待北魏。针对当时的南北形势和宋魏双方军队的特点，《安边论》提出了"坚壁清野"的战略战术、富国强兵的政策，以及将边境地区的居民南迁到安全地带、加固城池、劝课农耕、制造车辆和兵器等具体措施。然而，宋文帝没有接受何承天的主张和建议。宋文帝三次北伐都以失败告终，给国家和人民带来沉重的灾难。这也显示出何承天"安边固守"的方针是正确的。

何承天多才多艺，不仅是一位杰出的乐律学家，而且也是一位有名的筝手，喜好弈棋弹筝。据《南史·何承天传》载：

承天聪明博学，素好弈棋，颇用废事，又善弹筝，文帝赐以局子及银装筝，承天奉表陈谢，上答曰："局子之赐，何必非张武之金邪？"

图 6-2-2

北京天坛神乐署里的何承天雕塑

本官領國子博士皇太子講孝經承天與中庶子顏延之同爲執經頃之遷御史中丞時魏軍南伐文帝訪羣臣捍禦之畧承天上安邊論凡陳四事其一移遠就近以實內地其二浚復城隍以增阻防其三纂偶車牛以飾戎械其四計課仗勿使有關文多不載承天素好奕棊頗用廢事又善彈箏文帝賜以局子及銀裝箏承天奉表陳謝上荅曰局子之賜何必非張武之金邪承天博見古今爲一時所重張永嘗開玄武湖遇古冢冢上得一銅斗有柄文帝以訪朝士承天曰此亡新威斗王莽三公亡皆賜之一在冢外一在冢內時三台居江左者唯甄邯爲大司徒必邯之墓俄而永又啓冢內更得一斗復有一石銘大司徒甄邯之墓時帝每有疑議

图 6-2-3

关于何承天喜好弈棋弹筝的记载·《南史·何承天传》

何承天不主张增加律的个数，应在十二律内部加以调整，而不是一味地加律。他提出的"何承天新律"，是这样的一种律制：假设黄钟振动体的长度为 9 寸，用三分损益法推算，仲吕还生"变黄钟"为 8.8788 寸，与正黄钟 9 寸相差 0.1212 寸。何承天将这个差值分为 12 份，即每份为 0.0101 寸。按三分损益律推顺序，每生一律加 0.0101 寸。这样，何承天的"新律"已经非常接近十二等程律了，二者相差最大为 15.1 音分，平均音差为 4.68 音分，普通人已经没有办法区分两者的差异了。

最早发现"何承天新律"接近十二等程律的是王光祈先生，他在《中国音乐史》一书中称之为"何承天十二平均律"。后来杨荫浏先生的《中国音乐史纲》称"何承天三分损益均差律"。杨荫浏先生在之后的著作《中国古代音乐史稿》中又更其名为"何承天新律"，后被《中国音乐词典》等采用。

"何承天新律"在世界律学史上不愧为十二等程律的先驱，也是我国律学史上的一笔宝贵遗产，在中国乐律史上起着承前启后的作用。

刘焯律

　　刘焯（544—610年），字士元，隋代著名的天文学家、经学家，刘献之三传弟子，与刘炫齐名，时称"二刘"。刘焯一生着力研习《九章算术》《周髀》《七曜历书》等，著有《稽极》《历书》各10卷，编有《皇极历》。唐魏徵《隋书》"儒林"中介绍刘焯时说："论者以为数百年以来，博学通儒，无能出其右者。"现代历史学家范文澜在《中国通史》第3册中写道："隋朝最著名的儒生只有刘焯、刘炫二人。"

图 6-3-1

刘焯·【隋】

隋文帝开皇年间，刘焯中举秀才，射策甲科，拜为员外将军，与著作郎王劭一起修定国史，并参议律历。刘焯罢官回乡后，教书著述，广收门徒。他的门生弟子成名的也不少，其中孔颖达和盖文达就是他的得意门生，后来成为唐初的经学大师。

　　刘焯潜心研究历法，制定出当时最好的历法《皇极历》。刘焯在历法中首次考虑太阳视差运动的不均匀性，创立用内插法来计算日月视差运动速度，推算出五星位置和日、月食的起运时刻。他精确地算出 75 年差一度的岁差数值，这与准确的岁差数值已经非常接近，这是中国历法史上的重大突破，而当时西方还是沿用 100 年差一度的数值。

刘焯力主实测地球子午线，源起是中国史书记载说，南北相距1000里的两个点，在夏至的正午分别立一8尺长的测杆，它们的影子相差1寸，即"千里影差1寸"说。刘焯第一个对这种观点提出异议。后于724年，唐张遂等才实现了刘焯的遗愿，并证实了刘焯立论的正确性。

　　刘焯在律制研究与发展上也有其独特的建树。刘焯较为详细地表述了律管长度与音高的关系，并为后世律制的发展提供了研究的方法和基础。刘焯管律的制定，最早文献见于《隋书·律历志》："……（刘焯）兼论律吕。……其黄钟管六十三为实，以次每律减三分，以七为寸法均之，得黄钟长九寸，太簇长八寸一分四厘，林钟长六寸，应钟长四寸二分八厘七分之四。" 其义为黄钟管以六十三做基数，每律依次所减分值为三的倍数，再除以七。得出黄钟管长度为九寸，太簇管长度为八寸一分四厘，林钟管长度为六寸，应钟管长度为四寸二分八厘七分之四。刘焯试将黄钟管长度的等差试比于音程的等比。

　　其中的"法"是分母（即除数），"实"是分子（即被除数）。写成现代的公式就是：

$$L = \frac{(63-3n)}{7} = 9 - \frac{3n}{7}$$

（n=0，1，2，……11）

刘焯提出的新律具有积极的意义，他是何承天"等程律思想"的重要继承者。与何承天一样，他显然不满足于先前的三分损益律，而去追求一种全新的律制——十二等程律。他架起了何承天与朱载堉之间的一座思想桥梁，开拓了十二等程律理想从成熟到最终实现的必经之路。在视三分损益律为神圣不可侵犯的正统律制的古代封建社会中，其胆识和勇气是令人钦佩的。

朱载堉与十二等程律的建立

明朝皇室取名的规则

明太祖
朱元璋

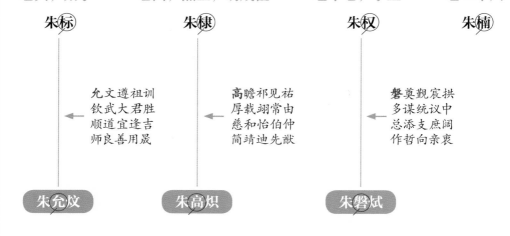

老大，太子 …… 老四，燕王，明成祖 …… 老十七，宁王 …… 老二十六

朱标　　　　朱棣　　　　　朱权　　　朱楠

允文遵祖训　　　　高瞻祁见祐　　　　磐奠觐宸拱
钦武大君胜　　　　厚载翊常由　　　　多谋统议中
顺道宜逢吉　　　　慈和怡伯仲　　　　总添支庶阔
师良善用晟　　　　简靖迪先猷　　　　作哲向亲衷

朱允炆　　　　朱高炽　　　　朱磐斌

出现在元素周期表上的皇室子孙名字

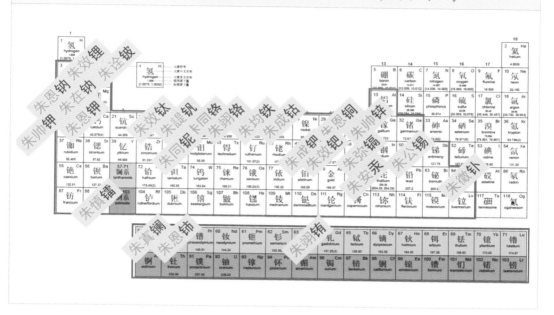

　　出身一介布衣的朱元璋建立明朝后，实行分封制，把皇子皇孙分派到全国各地当王爷。建文帝继承皇位以后，开始削藩，但以失败告终。虽然在永乐以后，王爷的权力不大，但是在封建社会，当个王爷，条件还是很好的。再加上，中国古代长期奉行"万般皆下品，唯有读书高"的原则，把科学技术视为异端、奇巧淫技，从事科学技术的匠人，属于下九流的行当之一。奇怪的是，明代的朱载堉却"不务正业"，爱科学不爱王位，在朝廷和民间留下一段佳话。

扫码观看
明代科学艺术巨星朱载堉

图 6-4-1

朱载堉像·【明朝】

【朱载堉纪念馆】

　　朱载堉（1536—1611 年）是朱元璋九世孙，其父朱厚烷被册封为"郑恭王"。作为长子，朱载堉 10 岁被册封为"世子"。后来，由于父亲被夺去爵位，朱载堉的前半生跌宕起伏。于是朱载堉有了 18 年的受难，但他并不灰心，而是潜心研究。父亲平反恢复爵位后，他在王宫里花 14 年时间著《乐律全书》。父亲去世后，本当继承王位的朱载堉辞掉王位，朝野上下称其为"天潢中之异人"。

图 6-4-2

《乐律全书》

朱载堉是乐律学家、音乐家、乐器制造家、舞学家、数学家、物理学家、天文历法家，在美术、哲学、文学等方面也颇有成就。中国科协原副主席、九三学社原中央副主席严济慈先生这样评价朱载堉："九峰隐名宦七疏让国高风仰九州，丹水扬翰墨十二等律历算闻四海。"科学家的冷静头脑与艺术家的入世激情，在朱载堉的身上得到了完美的统一，他被英国科学史家李约瑟称为"东方文艺复兴式的圣人"。历史是公正的。世上少了一位王爷，史上却多了一位科学和文化巨匠。

朱载堉最为人所熟知的成就是他首创的十二等程律。在八度内十二个律中，让任意相邻的两个律的音程为 $\sqrt[12]{2}$，即 2 的开 12 次方根，即 =1.059463094359295264561825。十二等程律解决了 2000 多年来困扰乐律学界的转调问题，在音乐理论史上具有划时代意义。朱载堉在乐律学研究上取得了重要的成就，估计他的十二等程律完成于万历九年（1581 年），最早见于《律学新说》。更为详细的论述见于《律吕精义》（1596 年）。

▶

图 6-4-3

《律学新说》

鄭世子 臣載堉謹撰

虞書曰協時月正日同律度量衡又曰詩言志歌永言聲依永

律和聲八音克諧無相奪倫神人以和又曰予欲聞六律五聲

八音在治忽以出納五言汝聽夫虞書一卷之中致意於律者

三焉此王政之大端律呂之本原也三代以來其道大備而周

禮載之為詳典同掌六律六同之和凡為樂器以七有二律為

之數度古之聖人推律以制器因器以宣聲和聲以成音比音

而為樂然則律呂之用其為樂之本歟歷代羣儒言律呂者不過

四法一曰長短之形二曰容受之積三曰審音四曰候氣以理

論之長短之形律之本也是故有定形而後有容受之積有眞

積而後發中和之音有正音而後感天地之氣傳曰物有本末

朱载堉是提出"舞学"一词的第一人。在朱载堉的《乐律全书》中，舞蹈与舞谱占有相当大分量，关于舞蹈与舞谱的专著就有4种。在朱载堉绘制的舞谱中，"天下太平"舞有很强的代表性，以表现生活、再现劳动、歌颂人民为主题。舞蹈由16个儿童，分4俏4列，摆出了舞蹈历史上第一次出现的字舞："天下太平"。舞蹈的配乐也是朱载堉的"豆叶黄"曲子，古韵悠然。

图 6-4-4

中国科技馆小小志愿者在表演天下太平舞，图中组出的是"平"字。

朱载堉将表演者"高高在上"的踩高跷表演和民间舞蹈"抬花轿"表演相结合，设计出踩着高跷抬花轿的表演形式，以此来呼吁社会对轿夫和民间艺人的尊重，对今天国家非物质文化遗产"高抬火轿"的形成和发展起到了重要的推动作用。

图 6-4-5

踩高跷表演

朱载堉对人的需求层次也有深刻认识，在《山坡羊·十不足》中早就写道：

"逐日奔忙只为饥，才得有食又思衣。置下绫罗身上穿，抬头又嫌房屋低。……上天梯子未坐下，阎王发牌鬼来催。若非此人大限到，上到天上还嫌低。"

这首曲子批判了一些人永无止境的贪欲，有很大的警世作用。其实，换一种角度，这也反映了朱载堉对人的需求层次的深刻认知，符合需求层次理论。《山坡羊·十不足》采用怀庆府特有的"莲花唠"的形式撰写而成，被不少省市县党校选入党员干部培训教材。

朱载堉绘制三教九流图，刻于明嘉靖四十四年（1565 年），它是少林寺的镇寺之宝。朱载堉在此提出了"三教一体，九流一源，百家一理，万法一门"的思想，体现了四百多年前人们对和谐社会的美好向往。2006 年 3 月 23 日，俄罗斯总统普京到河南少林寺参观，少林寺僧众向普京赠送的礼品就是一件混元三教九流图的工艺品。

▶

图 6-4-6

三教九流图

混元三教九流圖贊

佛教見性道教保命
儒教明倫綱常是正
農流務本墨流備世
名流貴實法流輔制
從橫應對小說咨詢
陰陽順天醫流原人
雜流無通述而不作
博者難精精者失傳
日月三光金玉五穀
心身交泰鼻口耳目
為善殊塗咸歸于治
曲士偏執黨同排異
要在圓融一以貫之
毋意多歧各有所施
三教一體九流一源
百家一理萬法一門

洞同安志禪師　盧白
同安丕禪師　　　武方
宗雲居膺禪師　俱空
洞山价禪師　　得松
藥山儼禪師　　靈隱
雲岩晟禪師　　雪竇　鹿門
正石頭遷禪師　　　大明
青　忠禪師　　　青州
傳梁山觀禪師
大陽玄禪師
投子青禪師　　玉山
之　　　禪師
續　　　禪師　萬松

朱载堉留下的文字著述约100多万字，内容涉及音乐、天文、历法、数学、文学等。遗憾的是，在朱载堉去世以后，他的著作出版长期以来处于停滞状态，这影响了人们对他的认识和研究。教育决策单位应该对此有所重视。在我们的中小学教科书中，经常可以看到李时珍、宋应星、徐光启、徐霞客等明代科学家的名字。但是，朱载堉仍然躺在专家学者的书斋中，可谓养在深闺人未识。至少在中小学音乐教育中要讲述朱载堉及其创造发明。

二十世纪八十年代以前，中国史书上的朱载堉，还只是"让国高风"的儒家贤者形象。戴念祖先生是中国物理学史学科主要创建者，他为朱载堉的研究做出了开创性贡献。1986年，戴念祖出版的《朱载堉——明代的科学和艺术巨星》，获全国优秀图书奖、全国科技史优秀图书一等奖、中国科学院自然科学三等奖。2008年，戴念祖出版的《天潢真人朱载堉》，对朱载堉的生平做了更加详细的叙述，尤其是从社会文化史的角度叙述了朱载堉的一生及其艺术与科学成就，堪称国内外朱载堉研究的集大成之作。

上海交通大学出版社的《朱载堉集》获2010年度国家古籍整理出版基金资助。《朱载堉集》是存世朱载堉文献著作的首次结集出版，

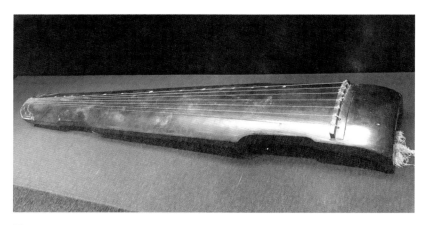

图 6-4-7

朱载堉琴

将朱载堉的著作分为乐律、历学、算学和艺文四大部分，最后是"附录"，收录了清代以来关于朱载堉研究的资料，为近年来渐受重视的朱载堉研究提供了原始文献支撑。

可喜的是，除了设在河南省沁阳市的朱载堉纪念馆之外，中国的部分科普场馆中已经有了一些有关朱载堉的简单介绍，朱载堉的科学艺术成就逐渐被国人知晓。比如，在中华世纪坛面向世界推出的40位"中华文化名人"中，朱载堉成为古代音乐家的唯一入选人。中国科技馆华夏之光展厅展有十二等程律和81档大算盘两件展品。国家博物馆、北京天坛公园和中国审计博物馆也陈列了朱载堉的雕塑。

图 6-4-8

朱载堉与《乐律全书》雕塑

十二等程律的影响

朱载堉首创的十二等程律，解决了2000多年来困扰音乐和乐律学界的转调问题，在音乐理论史上具有划时代意义。更确切地说，没有朱载堉的十二等程律，就没有现代的钢琴，也不会有现代的音乐生活。

墙内开花墙外香。朱载堉首创的十二等程律被传教士带到了西方，产生了深远的影响，朱载堉也因此享誉欧洲。能量守恒和转化定律的发现者之一的德国物理学家亥姆霍兹（H.von Helmholtz，1821—1894）对朱载堉的律学研究给予了高度的评价。他说："在中国人中，据说有一个王子叫载堉的，他在旧派音乐家的大反对中，倡导七声音阶。把八度分成十二个半音以及变调的方法，也是这个有天才和技巧的国家发明的。"

▶

图 6-5-1

亥姆霍兹与《论音感——音乐理论的生理基础》·*1863 年版*

欧洲人在赞叹并实践朱载堉的伟大发明时，十二等程律在中国并没有付诸实践。按照明朝的规矩，只有经过皇帝御批的皇室成员的著作才能公开。因此，十二等程律被束之高阁了。到了清朝，十二等程律被康熙帝抄袭、歪曲。乾隆帝十年间六下圣旨，令其儿子和大臣对朱载堉及其音乐理论进行批判，这一乐律学的理论被无情地埋没了。正如李约瑟所言："这真是不可思议的讽刺。"

DIE LEHRE

VON DEN

TONEMPFINDUNGEN

ALS

PHYSIOLOGISCHE GRUNDLAGE

FÜR DIE

THEORIE DER MUSIK.

VON

H. HELMHOLTZ,

Professor der Physiologie an der Universität zu Heidelberg.

MIT IN DEN TEXT EINGEDRUCKTEN HOLZSTICHEN.

口散出鼓風一刻有半爐口

無焰遂成熟鐵此爐內之鐵

質極易流動不如掉鐵爐之

稠結如膏蓋鐵遇猛風而燒

所生之熱冶爐與掉鐵爐所

不能及者此成後傾出如第

得熱鐵八十五分又有軋器乘其鎔時輾成鐵板如第

一百二十八圖受以範模任鑄何物每豬鐵一百分可

律管与管口校正

英國　傅蘭雅　口譯

無錫　徐　壽　筆述

律管

用弦乐器来确定各音的相对高度，可以非常准确。但是，这种弦最大的缺点是，对调好音的弦长，不容易保持其状态，弦线容易受到外界温度和湿度变化的影响而伸缩变形。于是，在制造音高标准器时人们便想到了管乐器，制定标准音高的管子，称为律管，简称管。

律管，由 12 支竹管或者铜管组成，其一端为吹口，另外一端是开口，中间没有音孔。12 支中最长的一支发黄钟音，命名为黄钟管。以黄钟管长为起始音，按三分损益法确定其余 11 支律管的管长。

据记载，律管制作于传说中的黄帝时代。《吕氏春秋·仲夏纪·古乐》写道：

"昔黄帝令伶伦作为律。伶伦自大夏之西，乃之阮隃之阴，取竹于嶰溪之谷，以生空窍厚钧者，断两节间，其长三寸九分，而吹之以为黄钟之宫，次日舍少。次制十二筒，以之阮隃之下，听凤皇之鸣，以别十二律。其雄鸣为六，雌鸣亦六，以此黄钟之宫适合，黄钟之宫皆可以生之，故日，黄钟之宫，律吕之本。"

一曰載民，二曰玄鳥，三曰遂草木，四曰奮五穀，五曰敬天常，六曰達帝功，七曰依地德，八曰總萬物之極。（皆樂之八篇名也。一作禽獸之極。）

昔陶唐氏之始，陰多滯伏而湛積，水道壅塞，不行其原（剋之躍。陶唐氏之號。），民氣鬱閼而滯著（閼讀曰遏。止之也。），筋骨瑟縮不達，故作為舞以宣導之（通宣）。

昔黄帝令伶倫作為律（帝臣）。伶倫自大夏之西，乃之阮隃之陰（阮隃山名。山北曰陰。），取竹於嶰谿之谷（竹生嶰谷。），以生空竅厚鈞者（取其厚鈞。斷兩節間），斷兩節間以為律管，其長三寸九分而吹之，以為黄鐘之宫（長三寸九分。），次曰舍少，制十二筒（者中黄鐘之宫。次制十二筒。六律六吕，各有管故。），

以之阮隃之下，聽鳳皇之鳴，以別十二律（陪戍舍夫。法鳳之雄。），其雄鳴為六，雌鳴亦六，以此黄鐘之宫適合（合和黄），鐘之宫皆可以生之，故曰黄鐘之宫，律吕之本（雄故律有陰陽上下相生故。黄帝之宫律吕皆可以生之。）。黄帝又命伶倫與荣將鑄十二鐘（一作鑄。），以和五音，以施英韶，以仲春之月乙（緩）

古籍记载的律管制作（一）·《吕氏春秋·仲夏纪·古乐》

司马迁的《史记》中记载：

"武王伐纣，吹律听声。"

此处的"律"就是律管。武王伐纣大约发生在公元前 1066 年。可以说，最晚到公元前 11 世纪就已经使用律管了。

律管的起源很可能与原始管乐器有关，它们分别出现于远古至夏商时代。一般来说，先有演奏乐器，后才有相关的声学仪器。因此，作为音高标准器的律管也可能由它们演变而成。春秋战国时期，律管已普遍成为定律器了。

律管的制作材料，历代也各有不同。唐代司马贞在《史记·律书》中记载：

"古律用竹，又用玉，汉末以铜为之。"

▶

图 7-1-2

司马贞关于律管的记载·《史记·律书第三》

王者制事立法物度軌則壹稟於六律〔索隱曰案律有十〕

六律為萬事根

本焉　其於

兵械尤所重〔索隱曰易稱師出以律是

於兵械尤重也〇正義曰…〕

故曰望敵知吉凶

聞聲效勝負

百王不易之道也武

管口校正

　　中国古代有一些人崇尚律管，提倡用管来定音。任何一种管，有开口、闭口之分。管的开口与吹口总是接近波腹，闭口总是接近波节。对管吹气，迫使管内空气柱振动。由于惯性的原因，这种振动会稍微延长到管外，造成管的开口端恰好不是波腹，波腹位置在距离管口端稍有距离之处。只有在这里，空气柱受迫振动的压强才等于自由空气的压强。同样，在吹口处，由于口唇不能完全贴合于管口，造成波腹位置也与吹口稍有距离，这被称为"末端效应"。因此，凡是造管乐器，必须消除这种"末端效应"，即必须进行管口校正。只有经过校正的管，才可以正确地依某种律制发音。

　　管口校正的方法有两种。一个是缩短管长，一个是缩小管径。中国古代的学者对这两种方法都做了很多尝试，取得了诸多成就。

　　《吕氏春秋·仲夏纪·古乐》记载了伶伦造律管：

　　　"其长三寸九分，而吹之以为黄钟之宫。"

　　《吕氏春秋·仲夏纪·古乐》的作者或者伶伦只是确定了管长。汉代的学者对律管的认识加深了一步。

▶

图 7-2-1

古籍记载的律管制作（二） ·《吕氏春秋·仲夏纪·古乐》

一曰載民，二曰玄鳥，三曰遂草木，四曰奮五穀，五曰敬天常，六曰達帝功，七曰依地德，八曰總萬物之極（一作禽獸之極）。皆樂之八篇名也。

昔陶唐氏之始（堯之號），陰多滯伏而湛積，水道壅塞不行其原（陽道壅塞不行其次，故有洪水之災，一作），氣鬱閼而滯著（閼讀曰遏，止之也），筋骨瑟縮不達，故作為舞（民），以宣導之（宣通）。

昔黃帝令伶倫作為律（伶倫黃帝臣），伶倫自大夏之西，乃之阮隃之陰（大夏西方之山，阮隃山名，北曰陰），取竹於嶰谿之谷（竹生嶰谷者，取其厚鈞斷），以生空竅厚鈞者，斷兩節間（斷），其長三寸九分而吹之，以為黃鐘之宮（斷竹）。兩節間以為律管。次制十二筒（六律六呂），長三寸九分吹之（次曰舍少，次曰），者中黃鐘之宮（各有管故）。

蔡邕在《月令章句》中记载：

"黄钟之管长九寸，孔径三分，围九分。"

这说明汉代的时候，人们已经知道管的音调和管长、管的内径有关系。

西晋的孟康是第一个发现 12 支律管的内径不应该完全相同的学者。他试图通过缩小管内径的方法校正律管。可惜的是，史书上没有留下他的全部数据。

隋朝的刘焯，精通经学，对历算和乐律也很有研究。他以"长度等差"提出的十二律定律法叫作"刘焯律"。可惜的是，刘焯的计算未考虑"管口校正"，并且运用"长度等差"的方法也是有问题的，因为实际上的音程是"等比"的关系。虽然刘焯失败了，但是，这个失败的例子给后人提示：按等差规律计算长度（即音程）的差别是错误的，也不能达到"旋宫转调"的目的。

荀勖曾任晋朝的尚书令。他针对当时笛音"多不谐和"的问题，于泰始十年（274年）制成一套十二支的"笛律"，即"荀勖笛律"。他第一次以缩短管长的方法正确而成功地校正了笛。荀勖的研究是从管口校正入手，计算出校正数后，再制定各笛的长度和笛上各孔之间的距离。这个校正数是黄钟律与姑洗律长度的差数，即相当于黄钟长度减去姑洗长度，这就是黄钟笛的管口校正数。其他笛管的校正数也可用类似方法求出，如大吕笛管的校正数是大吕律长与仲吕律长的差数。就一般规律来说，某一音律的长度与比该律高四律的律长的差值，就是某一音律对应的笛管管口校正数。在1700年前，荀勖得到如此精确的计算结果的确是很了不起的，这样的成绩是中国乐律史上的一大成就，并且当属于世界前列。

　　朱载堉的十二等程律完成于万历九年（1581年），最早见于《律学新说》，更为详细的论述见于《律吕精义》（1596年）。朱载堉制定了一套标准律管（36根，含三个八度）。由于竹质的律管有不均匀的缺陷，他选用了铜材。铜方便加工，容易满足设计的要求。如果将这套律管排列连接起来，它们就可以构成一个十二等程律的管乐器组。

在制作律管时，朱载堉发现律管长度加倍或减半且管径相同时，二支律管发出的音不正好是八度。为此，他根据实验和借助数学方式找出管口校正的方法和数据。朱载堉同前人所用的方法不一样，他用缩小管径的方法进行校正。因此，他的律管实际上是异径律管。朱载堉的思想和方法是非常科学的。由于朱载堉异径管律设计上的巧夺天工，后人要花费相当大的精力才能完全认识其学理之精妙，这再次证明了中国古代科技成果的博大精深。难怪朱载堉也要在他的著作中说，"此盖二十余年之所未有，自我圣朝始也，学者宜尽心焉"。

徐寿（1818-1884年），清末化学家、兵工学家、翻译家、教育家，我国近代科技的启蒙者之一。徐寿不图功名利禄，致力于引进和传播西方先进科技，为近代科技在我国的发展做出了重大贡献。

图 7-2-2

徐寿

图 7-2-3

徐寿诞辰 180 周年纪念币

1862 年，徐寿开始试制机动轮船。我国当时还没有成功的范例。徐寿、华蘅芳、徐建寅等人不畏艰难，广泛收集相关资料，到江边观察外国轮船的行驶情况，还上船测绘主要部件。1865 年，徐寿、华蘅芳、徐建寅成功建造了我国第一艘蒸汽木质轮船——"黄鹄号"。该轮船采用的蒸汽机是我国第一台自行设计制造的蒸汽机，也是我国第一台工业用高压蒸汽机。"黄鹄号"轮船，重约 25 吨，船长 17 米，除了一些钢板从外国进口外，所用之器料全部国产，是真正自主创新的"中国货"。"黄鹄号"研制过程中，曾国藩明确表示，"如有一次或二次之失败，此项工程仍须进行"。"黄鹄号"建造成功后，同治皇帝御赐徐寿一块"天下第一巧匠"的匾额。

　　我国在 1868 年之前没有"化学"这个词语。1868 年，徐寿和傅兰雅翻译了《化学鉴原》等科学图书，"化学"这个名词才在我国诞生并逐渐使用开来。徐寿在翻译西书的过程中，很多化学元素没有对应的中文名称。徐寿和傅兰雅提出了化学元素汉译名的原则，创造了元素汉译名，最先提出了钠、钙、镍、锌、锰、钴、镁等元素的中文名称，被以后的中国化学界所接受。

得熱鐵八十五分又有軋器乘其鎔時輾成鐵板如第一百二十八圖受以範模任鑄何物每豬鐵一百分可

图 7-2-4

《化学鉴原》·书影

化學鑑原卷一

英國韋而司撰

英國　傅蘭雅　口譯

無錫　徐壽　筆述

第一節　萬物分類

萬物分為兩大類一曰化成類如金土氣水等物二曰

生長類如動植等物.

第二節　原質之義

萬物之質今所不能化分者名為原質.

第三節　原質之數

萬物中之原質人所已知而且有憑驗者其得六十四

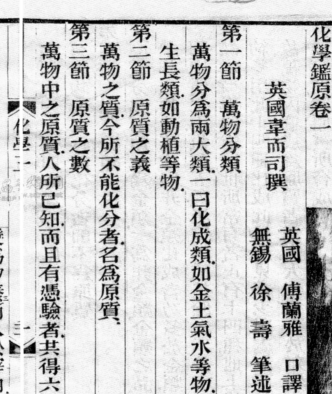

第百三九

化學二

變為矽養而入於滓內其滓

為風力所吹而成泡亦自爐

口散出鼓風一刻有半爐口

無焰遂成熟鐵此爐內之鐵

質極易流動不如掉鐵爐之

英国物理学家、法拉第的学生丁达尔（1820—1893年）首先发现和研究了胶体中的丁达尔效应。但是，他错误地认为开口管必须准确地截去一半，才可以发出高八度的音。徐寿用开口铜管做实验得出：两支可发出相差八度音的开口管的长度比是9:4，并不是2:1。1881年，徐寿请傅兰雅代笔，在《自然》杂志以《声学在中国》为题发表了该实验成果，这是我国第一篇发表在《自然》杂志上的科学文章。

THE followi
publicatie
a really scientifi
turned up from
primitive appar
been submitted

TO PROF. TY
DEAR SIR,—
facts relating te
of the native
Sound," and a
forward you a
will satisfy his
interest. He s
"In ancient
or pipes produc
by halving or d
"In a work
yoh it is stated
but not with op
"Some year
ference and its
nine inches long
against the upp

图 7-2-5

徐寿在《Nature》（自然）杂志上发表的论文（1881）

CS IN CHINA

of. Tyndall has been sent to us for
, Mr. Fryer. It will be seen that
ection of an old law has singularly
s been substantiated with the most
H. Stone, to whom the letter has
pended a note.

, F.R.S., &c.

. Hsü has brought some interesting
re my notice. As he is the father
nslated with me your work "On
ticularly to that work, I venture to
his remarks, in the hope that you
ject in which he takes such deep

on music it is stated that strings
twelve semitones higher or lower
ength.

the Ming dynasty by Chen-toai-
will only hold good with strings,
s the flute or flageolet.

investigate the cause of this dif-
. A round open brass tube, say
n note by pressing the end of it
wing through an *embouchure* made

I remain, dear Sir, yours faithfully,
Shanghai, June 1, 1880   JOHN FRYER
November 25th, 1880

P.S.—I have sent a copy of this letter to the Editor of
NATURE, and shall feel greatly obliged if you will forward your
reply, if any, to him for publication.—J. F.

MR. FRYER is perfectly correct in his observations. You will
find the explanation and formula needed at p. 167 of my little
book on Sound, under the heading "Correction of Bernouilli's
Law." "It has long been known," I there say, "that if an
open pipe be stopped at one end its note is not exactly an octave
below that given by it when open, but somewhat less, the interval
being about a major seventh instead of an octave."

Then follows the mathematical statement, from which the
corrections needed by Mr. Fryer could easily be obtained. M.
Bosanquet's excellent experimental investigation of the subject is
briefly described. His results give the correction for the open
end of the pipe as ·635 of radius of pipe, and ·59 r for the
mouth. Mr. Bosanquet remarks that in Bernouilli's theory the
hypothesis is made that the change from the constraint of
the pipe to a condition in which no remains of constraint are
to be perceived takes place *suddenly* at the point where the wave
system leaves the pipe. It is however evident that the diverg-
ence which takes place may be conceived of as sending back to
the pipe *a series* of reflected impulses, instead of the single

从徐寿的研究可以看出，如何对待传统的音律学成果，特别是如何继承和发扬这些成果，应该是值得我们深入思考的一个问题。

参考文献
Reference

[1] 戴念祖，刘树勇.中国物理学史——古代卷 [M].南宁：广西教育出版社，2006.

[2] 戴念祖，张旭敏.中国物理学史大系——光学史 [M].长沙：湖南教育出版社，2001.

[3] 王锦光，洪震寰.中国光学史 [M].长沙：湖南教育出版社，1986.

[4] 王洪鹏.浅谈小孔成像科普展览的背景知识 [J].博物馆研究，2012（1）：16.

[5] 唐肇川.卡尺的来龙去脉 [J].中国计量，2005（7）：40.

[6] 李天纲主编.朱载堉集 [M].上海：上海交通大学出版社，2013.

[7] 李约瑟.中国科学技术史 [M].北京：科学出版社，2003.

[8] 戴念祖.天潢真人朱载堉 [M].郑州：大象出版社，2008.

[9] 张家泰.登封观星台和元初天文观测的成就 [J].考古.1976（2）：62.

[10] 中国科学技术馆编.体验科学——中国科学技术馆物理实践课 [J].北京：科学普及出版社，2016.

[11] 王中.圣匠鲁班 [M].青岛：青岛出版社，2016.

[12] 王士平，李艳平，刘树勇.细推物理——戴念祖科学史文集 [M].北京：首都师范大学出版社，2008.

[13] 戴念祖.中国声学史 [M].石家庄：河北教育出版社，1994.

[14] 路峻岭. 物理演示实验教程 [M]. 北京：清华大学出版社，2005.

[15] 戴念祖. 物理与诗歌同行 [J]. 物理，2014（10）：126.

[16] 洪震寰. 淮南万毕术及其物理知识 [J]. 中国科技史料，1983（3）：84.

[17] 王洪鹏，白欣. 光学史坐标上的古代中国科学家 [J]. 现代物理知识，2016（5）：31.

[18] 陆炳哲，鲜勇. 美国海军潜艇潜望镜史 [J]. 舰船电子工程，2007（1）：51.

[19] 王心喜. 潜望镜并非舶来 [J]. 发明与革新，1994（1）：23.

[20] 银河. 我国古代发明的潜望镜 [J]. 物理通报，1957（7）：63.

[21] 刘树勇，白欣. 中国古代物理学史 [M]. 北京：首都师范大学出版社，2011.

[22] 陈佩芬. 西汉透光镜及其模拟实验 [J]. 文物，1976（2）：48.

[23] 沈括. 梦溪笔谈 [M]. 沈阳：辽宁教育出版社，1997.

[24] 上海交通大学西汉古铜镜研究组. 西汉"透光"古铜镜研究 [J]. 金属学报，1976（1）：75.

[25] 严燕来，孔令达，梁华瀚.西汉古铜镜"透光"奥秘解析 [J].
大学物理，2001（10）：24.

[26] 李晓红，马春秀."透光镜"研究综述 [J].内蒙古工业大学
学报，2013（1）：30.

　　读史使人明智。历史不仅代表过去，还能决定现在，影响未来。一个人学会用历史眼光看问题，就会变得更加宽容、睿智，更善于理解社会和现实，更善于与他人相处。科学技术的发展史，本质上是人类认识自然、改造自然、处理人与自然关系的历史。我国现在的科学课程教学中，通常强调的是教给学生现成的科学知识，而很少关注知识产生的历史演变过程。学生受此教育理念影响，通常会缺乏一种历史眼光，以为科学是从西方科学家如伽利略、开普勒、牛顿、爱因斯坦和玻尔等一些天才的头脑里蹦出来的，就像苹果掉到牛顿头上从而使牛顿发现万有引力定律一样。长此以往，这会不利于科学技术的传承和发展，也淡化了中国古代在科学技术方面的辉煌成就。

　　今天，我们国家如何培养创新型人才，树立民族自信，实现科学技术从追跑到并跑乃至领跑，是时代赋予我们的重大课题。其实，答案不应当只向未来张望，有时候也需要回头去寻找。人类世代相传总是在继承前辈的基础上，有所发现，有所发展，没有继承就没有发展。真正的科学理论是不断发展的，表现出一种不断纠错的动态过程。科学有积累性，我们不但要致力于前沿科学的研究，还要从科学技术史中去寻找经验，适当地回头看一看，整理和研究科学发展的历史，全面、准确、客观地了解历史上中华民族在科学技术上取得的辉煌成就，有利于更好地发展现今科学。

　　《中国古代重大科技创新：格物致知》是科技史研究和科普研究两个领域研究成果深度融合的结晶。作者从科普场馆一线发掘最受公众欢迎的展示中国古代科技成就的展品，讲述展品背后的历史文化和科学原理，廓清这几个典型原创科技成就发展的脉络及对世界文明产生的影响。中国古代科技史是人类文化和文明发展的一个重要方面的

记录，是人类文化遗产的重要组成部分。本书为公众理解科学、技术、经济、社会与文化的发展提供了独特视角，读者内心深处不仅会对华夏先民的科技成就发出由衷的赞叹，还会对中国科学技术发展史的波澜壮阔感到惊讶，同时也会对科学发展与社会条件和文化氛围之间的关系有深入的思考。

科学史并不只是对发现的描述，其目标是诠释科学精神和科学思想的发展，探讨科学方法和科学知识的演进，解释人类对真理反映的历史、真理被发现的历史，以及人们的思想从黑暗和偏见中逐渐获得解放的历史。科技史研究的起步在中国相对较晚，但它对于科技和教育事业却可以产生长久的影响力。除以思想方法和资料运用与现代科学相交叉外，科学史还以本身的研究工作为现代科学提供借鉴。如屠呦呦从《肘后备急方》等中医药古典文献中获取灵感发现青蒿素。诺贝尔生理学或医学奖评选委员会说："中国女科学家屠呦呦从中药中分离出青蒿素应用于疟疾治疗，这表明中国传统的中草药也能给科学家们带来新的启发。"吴文俊院士从中国古代算术思想方法中获得借鉴，在"古为今用"的原则指导下将数学史研究成果应用于现代数学研究，创立了数学机械化理论这一划时代的成就。席泽宗院士对古代新星和超新星爆发纪录的证认及整理工作，蜚声于天文学和科学史两界，长期受到国际上的重视。中国科学院利用中国古代地震历史记载资料，编制了《中国地震资料年表》，为工业建厂选址和防震抗震提供了科学支撑。中国古代物理学史学者戴念祖考订了中国古代北极光的记录，并整理出北极光年表，借此来研究地磁轴的漂移和太阳活动的规律，为持"周期说"者提供了珍贵的史料。可见，科技史可以为新的科学理论提供佐证和启迪。

近代以来，由于国内外各种原因，我国屡次与科技革命失之交臂，从世界强国变为任人欺凌的半殖民地半封建国家。当今世界正经历百年未有之大变局，国内外环境的深刻复杂变化对加快科技创新提出了更为迫切的要求。发掘并弘扬中国古代卓越的科技成就，展示中国科技发展对世界文明的贡献，以"随风潜入夜，润物细无声"的方式影响中国人，可以使中国人不"妄自菲薄"，从而树立起攀登科技高峰的自信心。希望广大科技工作者从科技史中吸取智慧，主动肩负起历史重任，为当代科学前沿问题寻找可资借鉴的解决方案，提供更多高水平的原创成果。

　　本书的写作得到中国科学院自然科学史研究所研究员戴念祖、中国墨子学会青年研究会秘书长张西锋、北京艺术博物馆馆长王丹、朱载堉纪念馆馆长梁丽红、中国计量科学研究院博士范富有、北京大学教授王冠博、德国海德堡大学博士彭蓓、中国石油大学（北京）副教授杨振清等专家学者诸多支持和帮助，对此我们表示衷心的感谢！由于笔者水平有限，书中难免有疏漏之处，敬请读者批评指正。

王洪鹏　白欣

2021 年 5 月